이공학도를 위한

벡터미적분

H. M. Schey 저

권기홍 역

청범출판사

차 례

3장 선적분과 회전

4장 그래디언트

4판 서문

Can we ever have too much of a good thing?
Miguel de Cervantes

이번 판은 3판과 두 가지 점이 다르다. 첫째, 풀이가 있는 예제를 추가하였다.

이것은 내용의 이해와 문제 풀이에 도움이 된다는 학생들의 건의에 따른 것이다. 예제를 충분히 넣으면서 동시에 책의 양이 너무 늘어나지 않도록 하였다.

두 번째 차이는 구면 좌표계에서 각도 θ와 ϕ를 바꾼 것이다. 이전 판에서는 θ가 극각이고 ϕ가 방위각이었다. 최근의 경향은 이것이 서로 바뀌어서 이 판에서는 θ가 방위각이고 ϕ가 극각이다.

지금까지 이 책의 개선을 위해 건의한 독자들에게 감사한다. 이런 제안은 자주 채택이 되었고 이 책이 오랜 수명을 갖는 데 많은 기여를 하였다.

C·H·A·P·T·E·R

01

벡터함수와 정전기학

서론

이 책에서는 벡터 미적분학이 정전기학의 관점에서 전개된다. 이러한 과정을 따르는 데는 두 가지 이유가 있다. 첫째는 벡터 미적분학의 많은 내용이 전자기학에 쓰이기 위해 개발되었고 그것에 적합하다는 것이다. 따라서 이러한 전개는 독자에게 벡터 미적분학이 무엇인지와 그 용도를 알게 해 준다. 둘째는 수학(최소한 수학의 어떤 분야)은 전적으로 수학적이지는 않은 내용에서 가장 잘 논의할 수 있다는 것이다. 즉 수학적 엄밀성은 이 주제를 처음 배울 때 방해가 될 수 있으므로 가능하면 물리 및 기하적인 직관을 쓰고자 한다.

벡터 미적분학을 배우고는 싶지만 정전기학을 거의 몰라도 걱정할 필요는 없다. 이 책을 이해하기 위해서 물리학의 지식이 많이 필요한 것은 아니다. 단지 정전기학의 기초가 요구되며 이것은 다음의 몇 페이지에 걸쳐 나온다. 사실 모든 논의는 전하 분포가 주어졌을 때 이것에 의한 정전기장을 구하는 방법에 대한 것이다. 독자는 최소한 전기장이 중요하고 이것을 계산하는 일반적인 방법을 찾는 데 노력을 기울일 만한 가치가 있다는 것을 인정하면 된다. 이 과정에서 벡터 미적분학의 기본을 배우기 바란다.

반드시 알아야 하는 것은 다음과 같다. 우선 기초 미적분학에 능숙해야 한다. 이 외에도 다변수 함수의 취급, 편미분, 다중(이중과 삼중) 적분을 알아야 한다.[1] 그리고 벡터에 대해서도 알아야 하는데 이것은 많은 책에서 다루고 있다. 그 내용은 벡터의 정의, 벡터의 덧셈과 뺄셈, 스칼라를 벡터에 곱하는 것, 벡터의 내적과 외적, 그리고 벡터를 성분으로 분해하는 것이다.

적당한 책으로 한 시간 정도 공부하면 이 책을 이해하기에 충분할 것이다.

벡터 함수

전기를 공부할 때 나오는 가장 중요한 양의 하나로 전기장이 있으며 앞으로 자주 쓰인다. 전기장은 벡터 함수의 한 예이므로 먼저 함수의 개념을 복습하기로 한다.

변수가 하나인 함수는 일반적으로 $y=f(x)$ 로 쓰며 두 개의 숫자 x와 y를 연관시키는 규칙이다. x가 주어지면 이와 연관된 y를 함수에서 정할 수 있다. 예를 들어 $y=f(x)=x^2-2$이면 x를 제곱하고 2를 빼서 y를 계산한다. $x=3$이면

$$y = 3^2 - 2 = 7$$

이다.

변수가 두 개 이상인 함수도 또한 숫자들을 연관시키는 규칙이다. 예를 들어 변수가 세 개인 함수 $w=F(x, y, z)$에서 x, y, z가 주어지면 w가 정해진다. 이 개념을 기하적으로 생각해 보자. (x, y, z)가 공간에서 한 점의 직각 좌표를 나타낸다. 이 때 함수 $F(x, y, z)$는 각 점에서 그 점과 어떤 숫자를 연관시킨다. 예를 들어 함수 $T(x, y, z)$는 방 안의 임의점 (x, y, z)에서의 온도를 나타낼 수 있다.

지금까지 논의된 함수는 스칼라(scalar) 함수이다. x를 $f(x)$에 대입하여 스칼라 $y=f(x)$를 얻었다. 세 숫자 x, y, z를 $T(x, y, z)$에 대입하여 온도를 얻었는데 이것도 스칼라 양이다. 벡터(vector) 함수로 일반화하는 것은 자명하다. 벡터 함수(3차원에서)는 각 점 (x, y, z)와 하나의 벡터를 연관시키는 규칙이다. 한 예로 유체의 속도를 들 수 있다. 이 함수를 $\mathbf{v}(x, y, z)$로 쓰면 이것은 점 (x, y, z)에서 유체의 속력 뿐만 아니라 흐름의 방향도 나타낸다. 일반적으로 벡터 함수 $\mathbf{F}(x, y, z)$는 공간의 어떤 지역 내의 모든 점 (x, y, z)에서 크기와 방향을 준다. 벡터 함수를 각 점 (x, y, z)에서 그린 화살표의 집합으로 나타낼 수 있다(그림 I-1).

---

1) 이 책의 한 부분에서 미분식이 쓰인다. 이 부분은 필수적이 아니므로 수학이 너무 어렵다면 생략해도 된다.

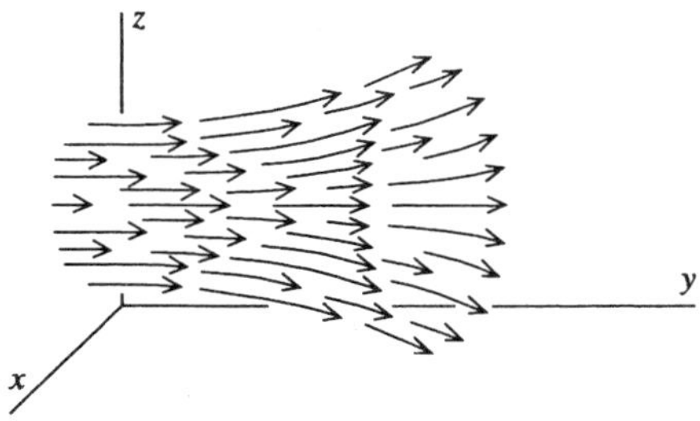

그림 I-1

임의점에서 화살표의 방향은 벡터 함수에 의해 정해지며 화살표의 길이는 함수의 크기에 비례한다.

벡터 함수는 벡터와 마찬가지로 그 성분으로 분해할 수 있다(그림 I-2).

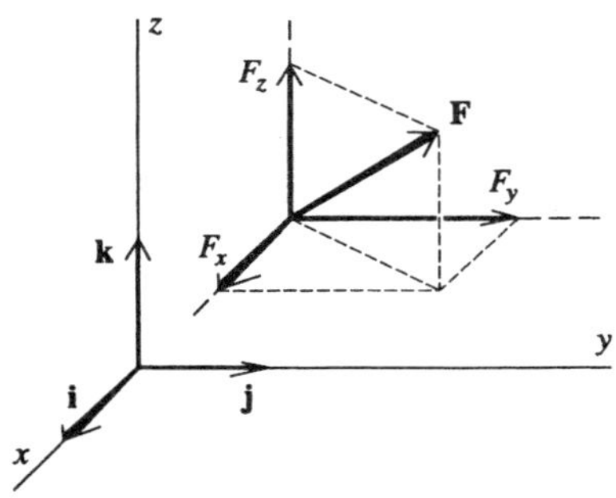

그림 I-2

i, **j**, **k**를 각각 x, y, z 축의 단위 벡터라고 하자.

$$\mathbf{F}(x, y, z) = \mathbf{i}F_x(x, y, z) + \mathbf{j}F_y(x, y, z) + \mathbf{k}F_z(x, y, z)$$

이다. F_x, F_y, F_z는 직각 좌표계에서 벡터 함수 $\mathbf{F}(x, y, z)$의 세 성분으로서 그 자체가 x, y, z의 스칼라 함수이다. [2)]

2차원에서 벡터 함수의 간단한 예로

2) 어떤 저자는 하첨자를 써서 편미분을 나타낸다. 예: $F_x = \partial F/\partial x$
이 책에서는 그러한 표기 방법을 쓰지 않으며 하첨자는 항상 벡터의 성분을 나타낸다.

$$\mathbf{F}(x, y) = \mathbf{i}x + \mathbf{j}y$$

를 그린 것이 그림 I-3 이다.

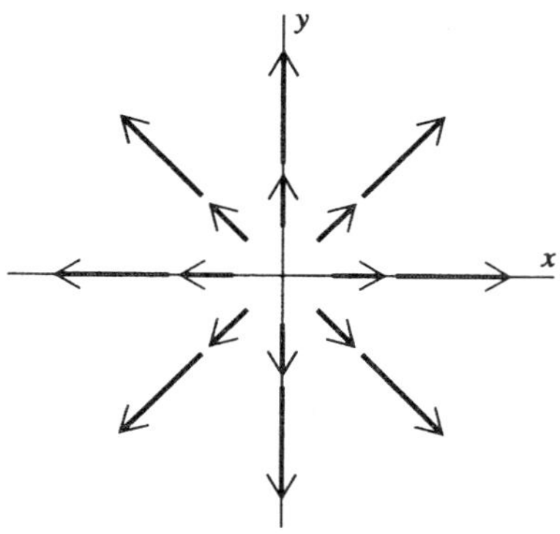

그림 I-3

이 함수는 바로 위치 벡터 **r**이다. 그림에서 화살표는 반경(radial) 방향이고 (즉 원점에서 바깥을 향해 직선으로 뻗어나가는 방향), 그 길이는 원점에서 화살표의 시작까지의 거리와 같다.[3] 두 번째 예로 벡터 함수

$$\mathbf{G}(x, y) = \frac{-\mathbf{i}y + \mathbf{j}x}{\sqrt{x^2 + y^2}}$$

를 그린 것이 그림 I-4 이다.

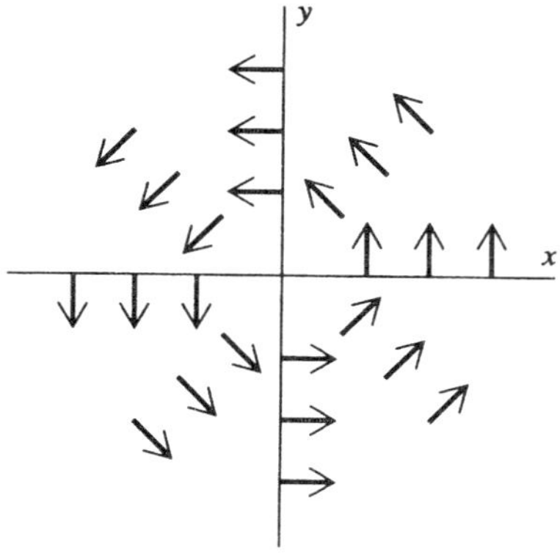

그림 I-4

이 그림에서 모든 화살표는 원점에 중심을 둔 원의 접선 방향이고 그 길이는 모두 같다. 이 것을 증명해 보시오.

정전기학

정전기학(electrostatics)을 논하면서 세 가지 실험적 사실에 기반을 두고자 한다. 첫째는 전하(electric charge)의 존재이다. 전하에는 양과 음 두 종류가 있으며 모든 물체는 전하를 갖고 있다.[4] 하지만 대개의 물체에서 양전하와 음전하는 같은 양이 존재하므로 물체의 순 전하는 0이다.

둘째는 발견자인 프랑스 물리학자의 이름을 딴 쿨롱(Coulomb)법칙이다. 이 법칙은 전하를 띤 두 입자 사이의 정전기력이 (a) 전하의 곱에 비례하고, (b) 입자 사이의 거리의 제곱에 반비례하며, (c) 입자들을 잇는 선을 따라 작용한다는 것이다. 거리가 r 만큼 떨어진 두 입자에서 각각의 전하가 q_0와 q라고 하자(그림 I-5).

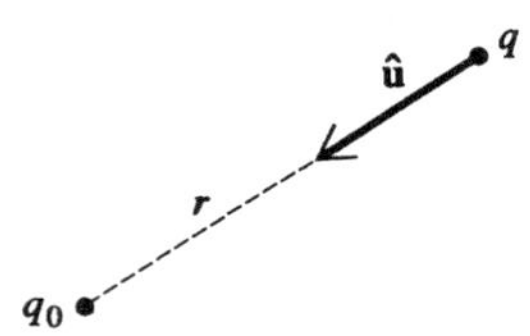

그림 I-5

q에 의해 q_0가 받는 힘은

$$\mathbf{F} = K\frac{qq_0}{r^2}\,\hat{\mathbf{u}}$$

이다. 여기서 $\hat{\mathbf{u}}$는 단위 벡터(크기가 1인 벡터)로서 q에서 q_0로 향한다. K는 비례 상수이다. 이 책에서는 MKS 단위를 쓰는 데 길이, 질량, 시간은 각각 미터, 킬로그램, 초의 단위로, 전하는

3) 벡터 함수를 계산하는 점에서 화살표가 시작되는 것이 관습이다.

4) 엄격히 말하자면 중성자, 중성 파이 메존, 중성미자 등은 전하를 갖지 않는다.

쿨롱으로 측정된다. 이 단위계에서 $K=1/(4\pi\epsilon_0)$이다. ϵ_0는 자유 공간의 유전(permittivity) 상수이다. 쿨롱의 법칙은

$$\mathbf{F} = \frac{1}{4\pi\epsilon_0}\frac{qq_0}{r^2}\,\hat{\mathbf{u}} \tag{I-1}$$

이다. 부호가 같은 전하끼리는 서로 밀고 부호가 다른 전하는 당긴다는 익숙한 사실이 이 식에 포함되어 있다.

셋째는 중첩의 원리이다. 주위에 다른 전하가 없을 때 q_1에 의해 q_0가 받는 힘을 $\mathbf{F}_1$, 마찬가지로 주위에 다른 전하가 없을 때 q_2에 의해 q_0가 받는 힘을 $\mathbf{F}_2$라 하자. 중첩의 원리에 의하면 q_1과 q_2가 둘 다 존재할 때 q_1과 q_2에 의해 q_0가 받는 힘은 벡터 합 $\mathbf{F}_1+\mathbf{F}_2$이다. 이것에는 언뜻 보기와는 달리 깊은 뜻이 있다. 즉 정전기력은 벡터적으로 더해질 뿐만 아니라(모든 힘은 벡터적으로 더해진다) 두 하전 입자들 사이의 힘은 다른 하전 입자의 존재에 의해 영향을 받지 않는다는 것이다.

논의에서 중심이 되는, 위치에 의존하는 벡터 함수를 도입하자. 이것은 정전기장(electrostatic field)으로서 $\mathbf{E}(\mathbf{r})$으로 표기되며 $\mathbf{E}(\mathbf{r})=\mathbf{F}(\mathbf{r})/q_0$ 또는 $\mathbf{F}(\mathbf{r})=q_0\mathbf{E}(\mathbf{r})$ 에 의해 정의된다. 즉 정전기장은 단위 전하 당 힘이다. 식(I-1)에서

$$\mathbf{E}(\mathbf{r}) = \frac{\mathbf{F}(\mathbf{r})}{q_0} = \frac{1}{4\pi\epsilon_0}\frac{q}{r^2}\,\hat{\mathbf{u}} \tag{I-2}$$

이다. 이것은 전하 q에 의한, 위치 $\mathbf{r}$에서의 정전기장이다.

이 생각을 확장하면 다음과 같다. N개의 전하가 q_1은 $\mathbf{r}_1$에, q_2는 $\mathbf{r}_2$에, ..., q_N은 $\mathbf{r}_N$에 있다고 하자. $\mathbf{r}$에 위치한 전하 q_0에 이 전하들이 작용하는 힘은

$$\mathbf{F}(\mathbf{r}) = \frac{1}{4\pi\epsilon_0}\sum_{l=1}^{N}\frac{q_0 q_l}{|\mathbf{r}-\mathbf{r}_l|^2}\,\hat{\mathbf{u}}_l \tag{I-3}$$

이다. 여기서 $\hat{\mathbf{u}}_l$ 은 $\mathbf{r}_l$ 에서 $\mathbf{r}$까지 향하는 단위 벡터이다. 식(I-3)에서

$$\mathbf{E}(\mathbf{r}) = \frac{1}{4\pi\epsilon_0}\sum_{l=1}^{N}\frac{q_l}{|\mathbf{r}-\mathbf{r}_l|^2}\,\hat{\mathbf{u}}_l \tag{I-4}$$

이다. 이것은 $\mathbf{r}_l$에 있는 전하 q_l $(l=1, 2, ..., N)$이 $\mathbf{r}=\mathbf{i}x+\mathbf{j}y+\mathbf{k}z$의 위치에 만드는 정전기장이다. 식(I-4)는 전하들에 의한 장이, 각각의 전하가 홀로 있다고 가정한 경우의 장들의 벡터

합이라는 것을 뜻한다. 즉 중첩은 힘에서와 같이 장에서도 성립한다. 전하나 전하군 근처의 공간에 정전기장이 펴져 있다고 생각할 수 있다. **r**에 위치한 전하 q가 이 전하군에 의해서 받는 정전기력은 $q\mathbf{E}(\mathbf{r})$이다.

겉보기에 정전기력과 크게 다르지 않은 새로운 벡터 함수인 정전기장을 도입해서 어리둥절할지도 모른다. 여기에는 두 가지 주된 이유가 있다. 첫째 정전기학에서는 주어진 전하계가 다른 전하계에 미치는 영향에 흥미가 있다. 이 문제는 정전기장을 도입하여 두 부분으로 나눌 수 있다.

(a) 주어진 전하 분포에 의한 장을 계산한다. 이 때 이 전하 분포가 주위의 다른 전하들에 미치는 영향은 고려할 필요가 없다.

(b) 장이 주어지면 그 안에 있는 전하가 장에 의해서 받는 영향을 계산한다. 이 때 그 장을 만든 전하 분포는 생각하지 않는다. 이 책에서는 첫째 부분에 관심을 둔다.

정전기장을 도입한 둘째 이유는 더 기본적이다. 고전 전자기 이론은 맥스웰 식이라고 하는 네 개의 식으로 요약된다. 이것은 장(전기장과 자기장)들과 그것을 만드는 전하와 전류를 서로 연관시킨다. 즉 전자기학은 장론(field theory)이고 전기장은 '단위 전하 당 힘'이라는 기본 정의를 넘어서 중요한 역할을 한다.

연속적인 전하 분포(점전하가 아니라)를 고려하자. 공간에서 부피 ΔV에 포함된 총 전하를 ΔQ라고 하면 ΔV에서 평균 전하 밀도(average charge density)는

$$\bar{\rho}_{\Delta V} \equiv \frac{\Delta Q}{\Delta V} \tag{I-5}$$

로 정의된다. ΔV가 점 (x, y, z)를 중심으로 점점 작아지는 극한을 생각한다. 점 (x, y, z)에서의 전하 밀도 $\rho(x, y, z)$는 다음과 같이 정의된다.

$$\rho(x, y, z) \equiv \lim_{\substack{\Delta V \to 0 \\ \text{about } (x,y,z)}} \frac{\Delta Q}{\Delta V} = \lim_{\substack{\Delta V \to 0 \\ \text{about } (x,y,z)}} \bar{\rho}_{\Delta V} \tag{I-6}$$

어떤 부피 V에 포함된 전하는 부피 V에 대한 $\rho(x, y, z)$의 3중 적분으로 나타낼 수 있다.

$$Q = \iiint_V \rho(x, y, z)\, dV$$

마찬가지로 전하가 연속 분포하는 경우에는 식(I-4)가 다음과 같이 바뀐다.

$$\mathbf{E}(\mathbf{r}) = \frac{1}{4\pi\epsilon_0}\iiint_V \frac{\rho(\mathbf{r}')\hat{\mathbf{u}}(\mathbf{r}')}{|\mathbf{r}-\mathbf{r}'|^2}\,dV' \tag{I-7}$$

문제

I-1 적절한 크기와 방향을 갖는 화살표를 써서 다음 벡터 함수를 그리시오.

(a) $\mathbf{i}y + \mathbf{j}x$.
(b) $(\mathbf{i} + \mathbf{j})/\sqrt{2}$.
(c) $\mathbf{i}x - \mathbf{j}y$.
(d) $\mathbf{i}y$.
(e) $\mathbf{j}x$.
(f) $(\mathbf{i}y + \mathbf{j}x)/\sqrt{x^2 + y^2}$, $(x, y) \neq (0, 0)$.
(g) $\mathbf{i}y + \mathbf{j}xy$.
(h) $\mathbf{i} + \mathbf{j}y$.

I-2 원점에 있는 단위 양전하의 전기장을 화살표를 써서 그리시오. [주: 한 좌표 평면에서만 그림을 그리면 문제가 간단해진다.]

I-3 (a) 2차원에서 양의 반경 방향이고 크기가 1인 벡터 함수를 나타내는 식을 쓰시오.

(b) 2차원에서 x축과 45도 방향을 이루고 임의점 (x, y)에서 크기가 $(x+y)^2$ 인 벡터 함수를 나타내는 식을 쓰시오.

(c) 2차원에서 방향은 접선 방향이고(그림 I-4와 같이) 임의점 (x, y)에서 크기가 원점부터 그 점까지의 거리와 같은 벡터 함수를 나타내는 식을 쓰시오.

(d) 3차원에서 양의 반경 방향이고 크기가 1인 벡터 함수를 나타내는 식을 쓰시오.

I-4 xy 평면 위에서 물체가 움직인다. 물체의 위치 벡터 $\mathbf{r}$은 시간 t의 함수로 다음과 같다.

$$\mathbf{r} = \mathbf{i}a\cos\omega t + \mathbf{j}b\sin\omega t$$

여기서 a, b, ω는 상수이다.

(a) 임의 시간 t일 때 물체는 원점에서 얼마나 떨어져 있는가?

(b) 물체의 속도와 가속도를 시간의 함수로 구하시오.

(c) 물체가 다음의 타원을 그리며 움직이는 것을 보이시오.

$$\left(\frac{x}{a}\right)^2 + \left(\frac{y}{b}\right)^2 = 1$$

I-5 $+1$의 전하가 점 (1, 0, 0)에 있고 -1의 전하가 점 (-1, 0, 0)에 있다. y축 상의 임의점 (0, y, 0)에서 두 전하에 의해 생기는 전기장을 구하시오.

I-6 벡터 함수를 나타내는 데 화살표 대신에 필드 선(field line)이라고 하는 곡선 군을 쓸 수 있다. 곡선 상의 각 점 (x_0, y_0)에서 $\mathbf{F}(x_0, y_0)$가 곡선에 접선이면 곡선 $y=y(x)$는 벡터 함수 $\mathbf{F}(x, y)$의 필드 선이다(그림 참조).

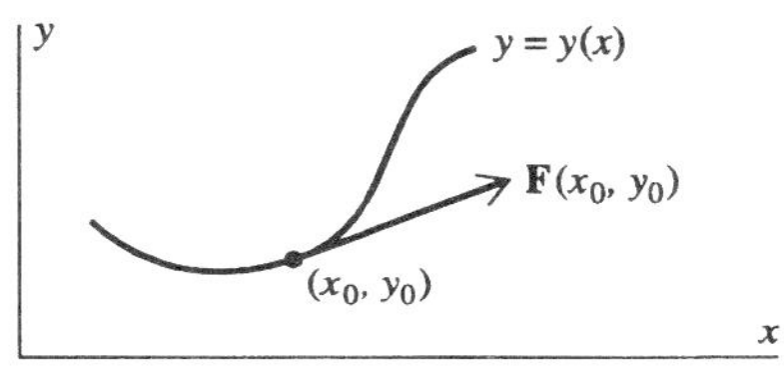

(a) 벡터 함수

$$\mathbf{F}(x, y) = \mathbf{i}F_x(x, y) + \mathbf{j}F_y(x, y)$$

의 필드 선 $y=y(x)$가 다음 미분식의 해인 것을 보이시오.

$$\frac{dy}{dx} = \frac{F_y(x, y)}{F_x(x, y)}$$

(b) 문제 I-1에 나온 각 벡터 함수의 필드 선을 구하시오. 필드 선을 그리고 화살표 그림과 비교하시오.

C·H·A·P·T·E·R

02

면적분과 발산

가우스의 법칙

정전기학에서는 정전기장이 중요하므로 전하들이 주어졌을 때 이것을 구하는 방법이 필요하다. 그런데 이 문제는 이미 풀렸다고 여길 수도 있다. 바로 식(I-4)와 (I-7)을 써서 **E**를 구할 수 있지 않은가? 이에 대한 답은 일반적인 경우에 구할 수 없다는 것이다. 계에서 전하의 수가 적거나 전하들이 간단히 또는 대칭적으로 분포되어 있지 않는 한 식(I-4)의 합과 식(I-7)의 적분은 대개 계산하기가 어렵거나 불가능하다. 이 두 식은 문제에 관하여 실제적이 아닌 '명목상'의 해이며 따라서 전기장 **E**를 계산하는 다른 방법을 찾아야 한다.[1)]

이 과정에서 나오는 식이 가우스(Gauss)의 법칙이다.

$$\iint_S \mathbf{E} \cdot \hat{\mathbf{n}}\, dS = \frac{q}{\epsilon_0} \qquad \text{(II-1)}$$

지금은 이 식을 이해 못해도 괜찮다. 이 식의 좌변은 벡터 미적분학에서 중요한 면적분의 한 예이다. 피적분 함수는 전기장과 단위 수직 벡터 $\hat{\mathbf{n}}$과의 내적(dot product)이다. 면적분과 단위 수직 벡터에 대해서 자세히 다룰 것이며 그 동기를 제공하려고 가우스의 법칙을 소개하였다.

1) 여기서 '명목상' 이라는 것은 '쓸모 없음' 을 완곡하게 표현한 것이다.

여기서 가우스의 법칙을 유도하지는 않겠다. 다음 몇 절을 읽고 나서 전자기학 책을 보면 자세한 것을 알 수 있다. 발산 정리를 배우고 나면 가우스의 법칙을 쉽게 유도할 수 있을 것이다(문제 II-27).

단위 수직 벡터

가우스의 법칙[식(II-1)]에서 단위 수직 벡터(unit normal vector) $\hat{\mathbf{n}}$이 나온다. 이것은 앞으로 나올 거의 모든 면적분에서 피적분 함수의 일부이다. 더우기 면적분에 명시되지 않더라도 면적분을 계산하는 데 중요한 역할을 한다. 따라서 면적분을 논하기 전에 이 벡터 함수를 어떻게 정의하고 계산하는가를 다루겠다.

xy 평면에 수직인 벡터 **N**이 z축에 평행하고(그림 II-1), 구면에 수직인 벡터가 반경 방향인 것은 분명하다(그림 II-2).

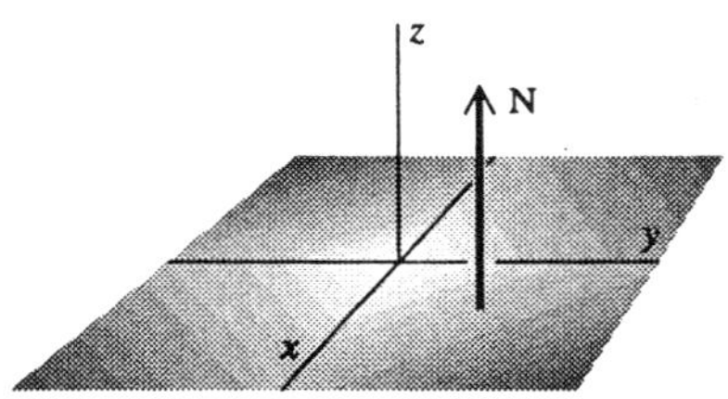

그림 II-1

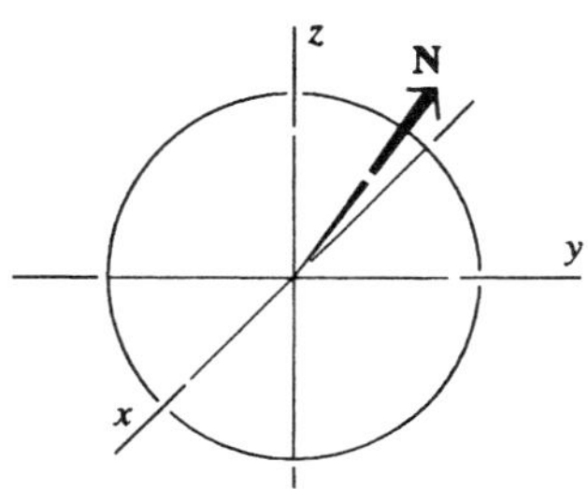

그림 II-2

면에 수직인 벡터를 정확히 정의하기 위해 그림 II-3과 같은 임의 곡면 S를 고려하자.

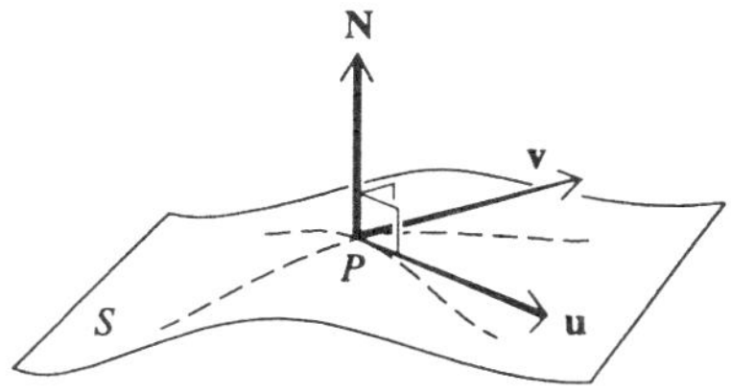

그림 II-3

면 상의 어떤 점 P에서 S에 접하고 서로 평행이 아닌 두 개의 벡터 $\mathbf{u}$와 $\mathbf{v}$를 그린다. 점 P에서 $\mathbf{u}$와 $\mathbf{v}$에 수직인 벡터 $\mathbf{N}$을 점 P에서 면 S에 수직이라고 정의한다. 바로 $\mathbf{u}$와 $\mathbf{v}$의 외적(vector product)이 이런 성질을 갖고 있다. 외적은 $\mathbf{u}$와 $\mathbf{v}$에 수직이고 따라서 $\mathbf{N} = \mathbf{u} \times \mathbf{v}$로 쓸 수 있다. 단위 벡터(크기가 1이다)로 만들려면 $\mathbf{N}$을 그 크기 N으로 나눈다.

$$\hat{\mathbf{n}} = \frac{\mathbf{N}}{N} = \frac{\mathbf{u} \times \mathbf{v}}{|\mathbf{u} \times \mathbf{v}|}$$

는 점 P에서 S에 수직인 단위 벡터이다.

$\hat{\mathbf{n}}$을 구하기 위해 식 $z=f(x, y)$로 주어지는 어떤 면 S를 고려하자(그림 II-4).

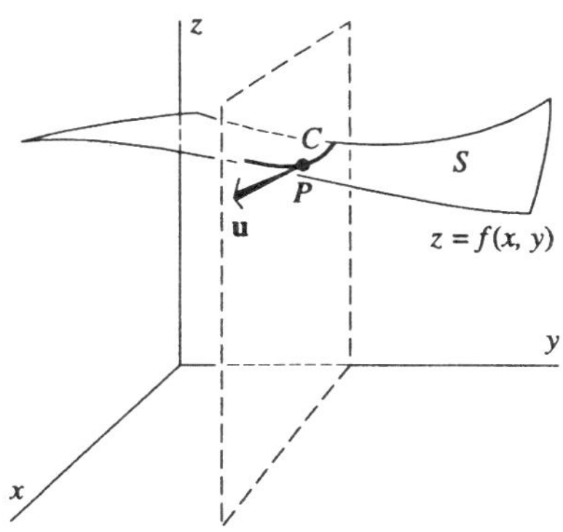

그림 II-4

위와 같이 두 벡터 $\mathbf{u}$와 $\mathbf{v}$를 찾으면 그들의 외적이 구하고자 하는 수직 벡터 $\hat{\mathbf{n}}$이다. S위의 점 P를 지나고 xz평면에 평행한 평면을 생각하자(그림 II-4). 이 평면과 면 S는 곡선 C에서 교차한다. 점 P에서 C에 접하는 벡터 $\mathbf{u}$를 그리자. 이 벡터의 x성분 u_x는 임의 길이를 갖는다.

$\mathbf{u}$의 z성분은 $(\partial f/\partial x)u_x$ 이다(그림 II-5).

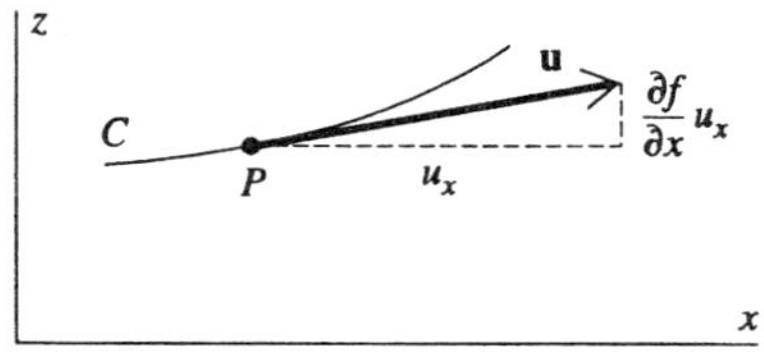

그림 II-5

즉

$$\mathbf{u} = \mathbf{i}u_x + \mathbf{k}\left(\frac{\partial f}{\partial x}\right)u_x = \left[\mathbf{i} + \mathbf{k}\left(\frac{\partial f}{\partial x}\right)\right]u_x \tag{II-2}$$

이다.

두 번째 벡터 **v**를 구하기 위해 점 P를 지나고 yz 평면에 평행한 평면을 생각하자(그림 II-6).

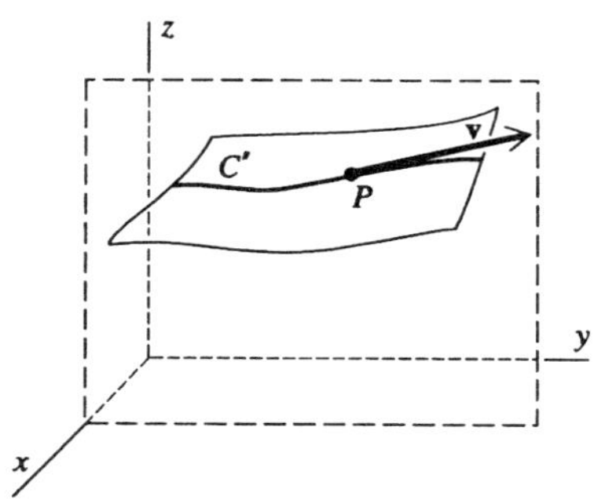

그림 II-6

이 평면은 S와 곡선 C′에서 교차한다. 벡터 **v**는 P에서 C′에 접하고 y성분 v_y는 임의 길이를 갖는다. 위와 같이 하여

$$\mathbf{v} = \mathbf{j}v_y + \mathbf{k}\left(\frac{\partial f}{\partial y}\right)v_y = \left[\mathbf{j} + \mathbf{k}\left(\frac{\partial f}{\partial y}\right)\right]v_y \tag{II-3}$$

이다.

식(II-2)와 (II-3)으로 주어지는 두 벡터 **u**와 **v**의 외적을 취하면

$$\mathbf{u} \times \mathbf{v} = \left[-\mathbf{i}\left(\frac{\partial f}{\partial x}\right) - \mathbf{j}\left(\frac{\partial f}{\partial y}\right) + \mathbf{k} \right] u_x v_y$$

이고 이 벡터는 점 P에서 S에 수직이다. 이 벡터를 그 크기로 나누어 단위 벡터를 얻는다.

$$\hat{\mathbf{n}}(x, y, z) = \frac{\mathbf{u} \times \mathbf{v}}{|\mathbf{u} \times \mathbf{v}|} = \frac{-\mathbf{i}\dfrac{\partial f}{\partial x} - \mathbf{j}\dfrac{\partial f}{\partial y} + \mathbf{k}}{\sqrt{1 + \left(\dfrac{\partial f}{\partial x}\right)^2 + \left(\dfrac{\partial f}{\partial y}\right)^2}} \qquad \text{(II-4)}$$

이것이 면 $z=f(x, y)$ 위의 점 (x, y, z)에서 면에 수직인 단위 벡터이다.[2)] 이 식은 임의의 크기를 갖는 u_x와 v_y에 무관하다.

예를 들자. 첫 번째는 간단한 것이다. xy평면에 수직인 단위 벡터는 무엇인가? 그 답은 물론 **k**이다(그림 II-1). 식(II-4)에서 어떻게 이 답이 나오나 살펴보자. xy평면의 식은

$$z = f(x, y) = 0$$

이다. 따라서

$$\partial f/\partial x = 0, \quad \partial f/\partial y = 0$$

이고 식(II-4)에 대입하여 $\hat{\mathbf{n}} = \mathbf{k}/\sqrt{1} = \mathbf{k}$를 예상대로 얻는다.

두 번째 예로 원점이 중심이고 반경이 1인 구를 고려하자(그림 II-2). 구에서 위쪽 절반을 나타내는 식은

$$z = f(x, y) = (1 - x^2 - y^2)^{1/2}$$

이다. 따라서

$$\frac{\partial f}{\partial x} = -\frac{x}{z}, \quad \frac{\partial f}{\partial y} = -\frac{y}{z}$$

---

2) 식(II-4)가 유일한 표현인가 하는 문제는 두 가지 관점에서 생각할 수 있다. 첫째는 부호의 모호성이다. $\hat{\mathbf{n}}$이 단위 수직 벡터이면 $-\hat{\mathbf{n}}$도 마찬가지이다. 어떤 부호를 택할 것인가는 다음에 논의된다. 둘째는 $\hat{\mathbf{n}}$을 정하는 데 사용된 접선 벡터 **u**와 **v**가 좌표 평면에 평행한 특수한 경우라는 점이다. 임의의 두 접선 벡터를 써도 같은 결과가 나올 것인가? 이것이 문제 IV−26에서 다루어 지는데 그 결과는 식(II-4)로 주어지는 $\hat{\mathbf{n}}$이 부호 외에는 유일하다는 것이다.

이고 이것을 식(II-4)에 대입하면

$$\hat{\mathbf{n}} = \frac{\frac{\mathbf{i}x}{z} + \frac{\mathbf{j}y}{z} + \mathbf{k}}{\sqrt{\frac{x^2}{z^2} + \frac{y^2}{z^2} + 1}} = \frac{\mathbf{i}x + \mathbf{j}y + \mathbf{k}z}{\sqrt{x^2 + y^2 + z^2}} = \mathbf{i}x + \mathbf{j}y + \mathbf{k}z$$

이다. 여기서 단위구의 식 $x^2+y^2+z^2=1$ 이 사용되었다. 이것은 예상된 결과로서 $\hat{\mathbf{n}}$은 반경 방향의 벡터이다(그림 II-2). $\hat{\mathbf{n}} \cdot \hat{\mathbf{n}} = x^2+y^2+z^2=1$이므로 $\hat{\mathbf{n}}$의 크기는 1이다.

단위 수직 벡터는 이 정도로 하고 면적분을 논하기로 한다.

■■■ 면적분의 정의

벡터 함수 $\mathbf{F}(x, y, z)$의 수직 성분의 면적분(surface integral)을 정의하자. 이것을

$$\iint_S \mathbf{F} \cdot \hat{\mathbf{n}}\, dS \qquad \text{(II-5)}$$

로 표기한다. 가우스의 법칙[식(II-1)]도 이런 적분으로 표현되었다.

$z=f(x, y)$가 어떤 면의 식이고 이 면의 일부분을 S라고 하자(그림 II-7).

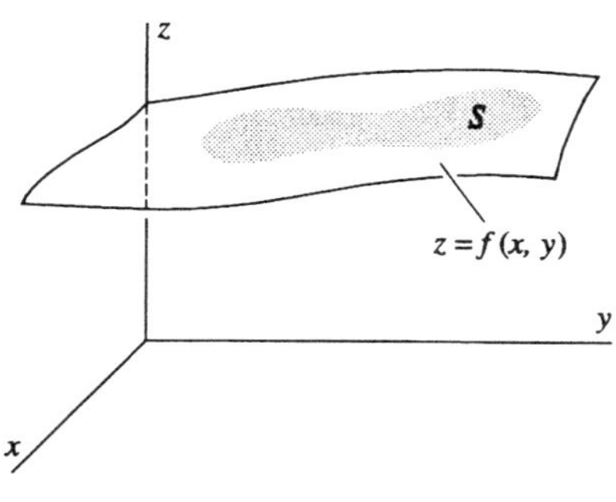

그림 II-7

면적분 (II-5)를 정의하기 위한 첫 단계로 S를 N개의 평면 조각들로 구성된 다면체로 근사를 한다. 각 평면 조각은 S와 어떤 점에서 접하고 있다. 그림 II-8은 1/8 구면을 이러한 다면체로 근사한 것이다.

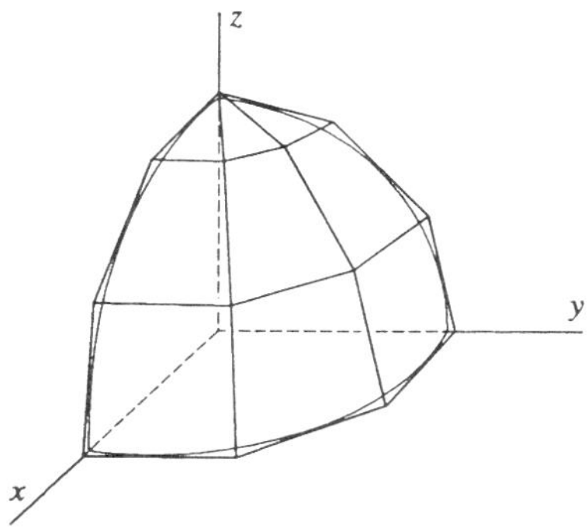

그림 II-8

평면 조각들 중 하나, 예를 들어 l번째 면을 고려하자(그림 II-9).

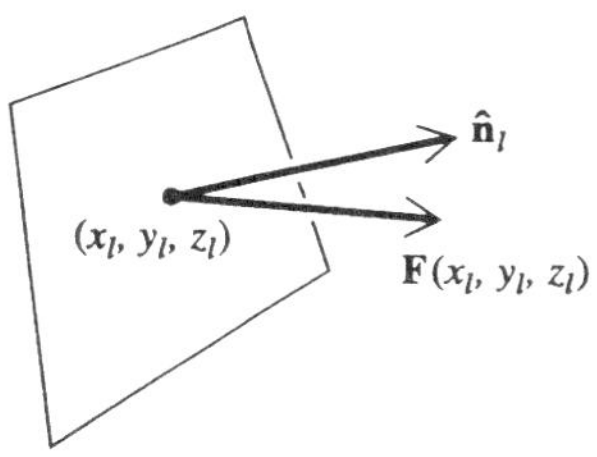

그림 II-9

이 면의 면적은 ΔS_l이고 점 (x_l, y_l, z_l)에서 면 S와 접한다. 이 점에서의 함수 $\mathbf{F}$와 l번째 면에 수직인 단위 벡터 $\hat{\mathbf{n}}_l$ 과의 내적을 취한다. 여기에 면적 ΔS_l을 곱하면

$$\mathbf{F}(x_l, y_l, z_l) \cdot \hat{\mathbf{n}}_l \, \Delta S_l$$

이다. 다면체의 N개 면 각각에 대해 이 과정을 행하고 결과를 모두 더한다.

$$\sum_{l=1}^{N} \mathbf{F}(x_l, y_l, z_l) \cdot \hat{\mathbf{n}}_l \, \Delta S_l$$

면적분 (II-5)는 면의 갯수 N이 무한대가 되고 각 조각의 면적이 0에 접근할 때 이 합의 극한으로 정의된다.[3)]

$$\iint_S \mathbf{F} \cdot \hat{\mathbf{n}}\, dS = \lim_{\substack{N \to \infty \\ \text{each } \Delta S_l \to 0}} \sum_{l=1}^{N} \mathbf{F}(x_l, y_l, z_l) \cdot \hat{\mathbf{n}}_l \, \Delta S_l \tag{II-6}$$

이 적분은 엄밀하게는

$$\iint_S \mathbf{F}(x, y, z) \cdot \hat{\mathbf{n}}(x, y, z)\, dS$$

로 써야 한다. 왜냐하면 **F**와 $\hat{\mathbf{n}}$은 일반적으로 위치의 함수이기 때문이다. 앞으로는 가능하면 다음과 같은 간단한 표현을 쓸 것이다.

$$\iint_S \mathbf{F} \cdot \hat{\mathbf{n}}\, dS$$

면적분의 면 S는 닫혔거나 아니면 열렸거나 두 가지 중 하나이다. 예를 들어 구면처럼 닫힌 면은 공간을 안과 바깥의 두 부분으로 나눈다. 안에서 바깥으로 가기 위해서는 면을 통과해야만 한다. 종이장과 같이 열린 면은 이런 성질을 갖지 않는다. 종이의 한 면에서 다른 면으로 갈 때 종이면을 반드시 통과할 필요는 없다. 식(II-6)의 면적분의 정의는 닫히거나 열린, 모든 면에 적용된다. 면적분에서는 가능한 두 가지의 수직 방향 중에서 어느 것을 택할 것인가를 정해야 한다(그림 II-10).

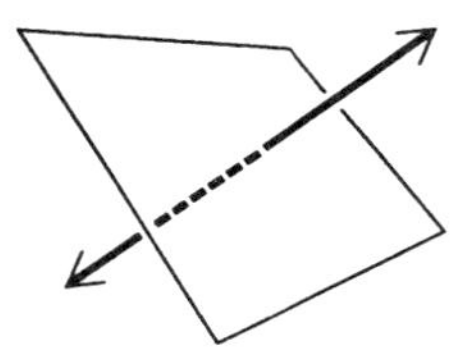

그림 II-10

열린 면의 경우에 이 방향은 문제의 일부로서 주어져야 한다. 닫힌 면의 경우에는 면이 둘러싸고 있는 부피에서 바깥으로 나가는 방향을 수직 방향으로 정한다.

3) 각 조각의 면적이 0에 접근한다는 것은 정확한 말은 아니다. 직사각형 조각을 예로 들자면 이것의 면적은 가로가 고정되어 있고 세로가 줄어도 그 면적이 0에 접근한다. 이것은 바람직하지 않다. 각각의 ΔS_l이 0에 접근한다는 것은 각 조각에서 모든 변의 길이가 0에 접근하는 것을 의미한다.

가우스의 법칙[식(II-1)]에서는 닫힌 면에 대해서 적분을 한다. 가우스의 법칙은 전기장의 수직 성분을 닫힌 면에 대해서 면적분을 한 것이 그 면이 포함하고 있는 전체(순) 전하를 ϵ_0로 나눈 것과 같다는 것이다. 전하들이 대칭적으로 배치되어 있을 때 가우스의 법칙에서 어떻게 전기장을 구하는 가를 다음에 다룬다('가우스의 법칙과 전기장의 계산' 절과 문제 II-11, II-12, II-13).

앞에서 정의된 면적분과 기본적으로는 거의 같지만 좀 더 간단한 경우가 있다. 다음의 면적분

$$\iint_S G(x, y, z)\, dS \tag{II-7}$$

에서 피적분 함수 $G(x, y, z)$는 (II-5)나 (II-6)처럼 두 벡터 함수의 내적이 아니라 스칼라 함수이다. 이러한 면적분을 전과 마찬가지로 정의할 수 있다. 면 S를 다면체로 근사하고 각 면에서 $G(x_l, y_l, z_l)\, \Delta S_l$을 계산한다. 이 값들을 모두 더하고 극한을 취한다.

$$\iint_S G(x, y, z)\, dS = \lim_{\substack{N\to\infty \\ \text{each } \Delta S_l \to 0}} \sum_{l=1}^{N} G(x_l, y_l, z_l)\, \Delta S_l \tag{II-8}$$

이러한 면적분의 예로 아주 얇은 두께를 갖는 면에서 전체 질량을 구하고자 한다. 면밀도(단위 면적당 질량)를 $\sigma(x, y, z)$라고 하자. 이 면을 위와 같이 다면체로 근사하면 $\sigma(x_l, y_l, z_l)\, \Delta S_l$ 은 다면체에서 l번째 면의 근사적 질량이다.

$$\sum_{l=1}^{N} \sigma(x_l, y_l, z_l)\, \Delta S_l$$

은 면의 전체 질량으로 근사할 수 있으며 극한을 취한

$$\lim_{\substack{N\to\infty \\ \text{each } \Delta S_l \to 0}} \sum_{l=1}^{N} \sigma(x_l, y_l, z_l)\, \Delta S_l = \iint_S \sigma(x, y, z)\, dS$$

는 면의 전체 질량이다.

더 간단한 면적분의 예로

$$\iint_S dS$$

가 있다. 이 적분은 S의 면적의 정의이다.

면적분의 계산

면적분을 정의하였고 이제 그 계산 방법을 알아보자. (II-5)의 면적분보다 간단한, 피적분 함수가 스칼라 함수인 (II-7)의 면적분을 다룬다. 그래도 일반성을 잃는 것은 아닌 것이 식에서 $G(x, y, z)$를 $\mathbf{F}(x, y, z) \cdot \hat{\mathbf{n}}$으로 바꾸기만 하면 (II-5)형태의 면적분이 되기 때문이다.

적분

$$\iint_S G(x, y, z)\, dS$$

를 면 $z = f(x, y)$의 한 부분 S에서 계산하자(그림 II-11). 면적분의 정의[식(II-8)]에 나오는 ΔS_l과 이것을 xy평면에 투영한 면적 ΔR_l을 연관시키고자 한다(그림 II-12).

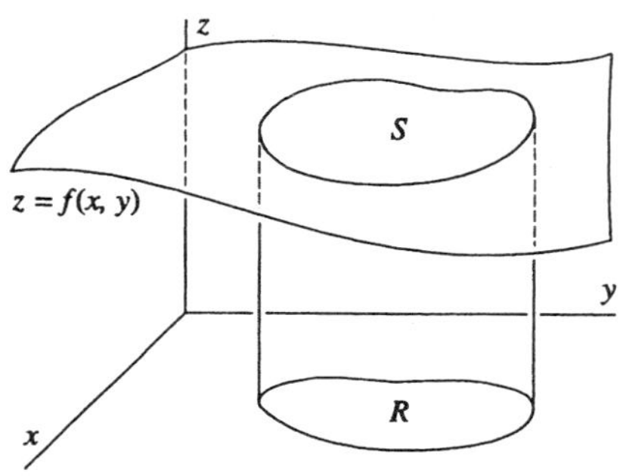

그림 II-11

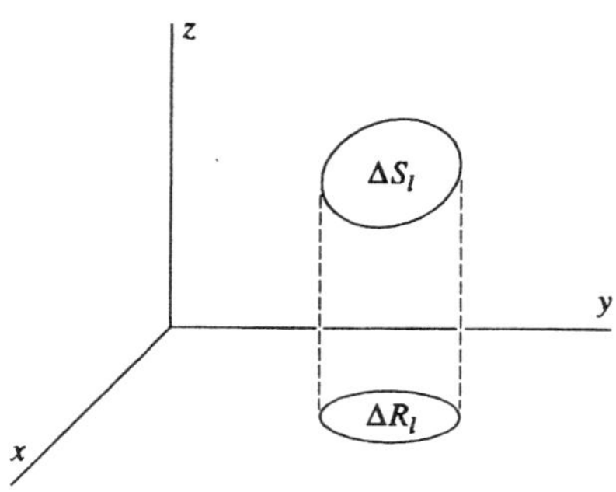

그림 II-12

이 과정에서 S에서의 면적분을, S를 xy 평면에 투영한 R(그림 II-11)에 대한 보통의 이중 적분으로 표현할 수 있다.

ΔS_l과 ΔR_l을 연관시키는 것은 어렵지 않다. ΔS_l은 그림 II-13과 같이 직사각형들을 써서 원하는 정확도로 근사할 수 있다. 따라서 한 직사각형의 면적과 이것을 xy평면에 투영한 면적과의 관계를 생각하면 된다.

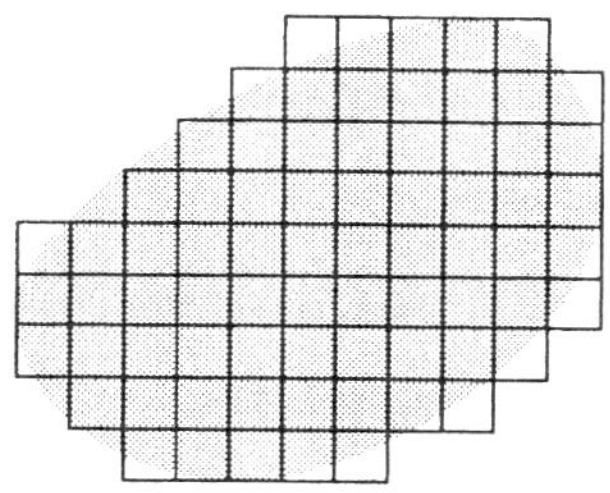

그림 II-13

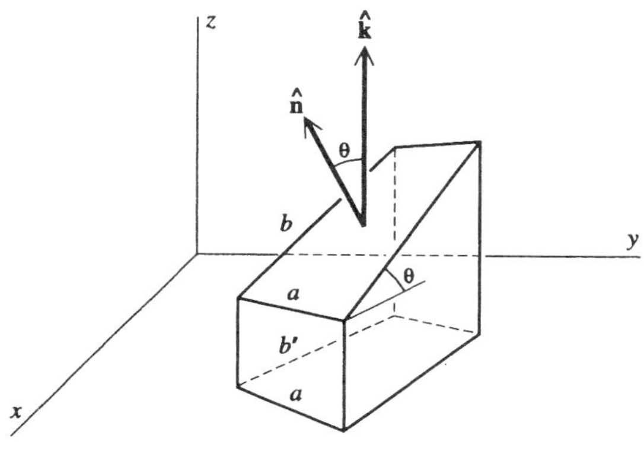

그림 II-14

두 변이 xy평면에 평행한 직사각형을 고려하자(그림 II-14). 이 변의 길이를 a라 하면 xy 평면에 투영된 길이도 a이다. 다른 변의 길이를 b라 하면 투영된 길이 b'는 일반적으로 b와 같지 않다. 따라서 직사각형의 면적 ab와 투영된 면적 ab'를 연관시키기 위해서는 b를 b'로 나타내야 한다. 그림 II-14 에서 $b = b'/\cos\theta$이고 따라서

$$ab = \frac{ab'}{\cos\,\theta}$$

이다. 직사각형에 수직인 단위 벡터를 $\hat{\mathbf{n}}$이라 하면 $\cos\theta = \hat{\mathbf{n}} \cdot \mathbf{k}$이다. 여기서 $\mathbf{k}$는 z축 방향의 단위 벡터이다. 즉

$$ab = \frac{ab'}{\hat{\mathbf{n}} \cdot \mathbf{k}}$$

이다. 면적 ΔS_l은 임의의 정확도로 이러한 직사각형들로 근사할 수 있으므로

$$\Delta S_l = \frac{\Delta R_l}{\hat{\mathbf{n}}_l \cdot \mathbf{k}}$$

이 성립한다. 여기서 $\hat{\mathbf{n}}_l$은 l번째 평면 조각의 단위 수직 벡터이다.

면적분의 정의[식(II-8)]에 위 식을 대입하면

$$\iint_S G(x, y, z)\, dS = \lim_{\substack{N\to\infty \\ \text{each } \Delta R_l \to 0}} \sum_{l=1}^{N} G(x_l, y_l, z_l) \frac{\Delta R_l}{\hat{\mathbf{n}}_l \cdot \mathbf{k}} \tag{II-9}$$

이다. 여기서 '각 $\Delta S_l \to 0$' 은 더 적합한 '각 $\Delta R_l \to 0$' 으로 대치되었다. 이제 S에서의 면적분을 R에 대한 이중 적분으로 쓸 수 있다.

$$\lim_{\substack{N\to\infty \\ \text{each } \Delta R_l \to 0}} \sum_{l=1}^{N} \frac{G(x_l, y_l, z_l)}{\hat{\mathbf{n}}_l \cdot \mathbf{k}} \Delta R_l \equiv \iint_R \frac{G(x, y, z)}{\hat{\mathbf{n}}(x, y, z) \cdot \mathbf{k}}\, dx\, dy \tag{II-10}$$

$\hat{\mathbf{n}}(x, y, z)$는 점 (x, y, z)에서 면 S에 수직인 단위 벡터이다. G와 $\hat{\mathbf{n}}$에 z가 있어서 그렇게 보이지는 않지만 이 식은 R에서의 이중 적분이다. 여기서 (x, y, z)는 S위에 있는 점의 좌표이고 따라서 $z = f(x, y)$이다. 식(II-10)의 피적분 함수에서 겉보기 뿐인 z의존성을 없애면

$$\iint_R \frac{G[x, y, f(x, y)]}{\hat{\mathbf{n}}[x, y, f(x, y)] \cdot \mathbf{k}}\, dx\, dy \tag{II-11}$$

가 된다. 이 식이 복잡해 보이지만 대개의 경우 피적분 함수는 간단한 꼴로 바뀐다. 다음 예에서 이것을 볼 수 있다. 단위 수직 벡터의 식[식(II-4)]에서

$$\hat{\mathbf{n}} \cdot \mathbf{k} = \frac{1}{\sqrt{1 + (\partial f/\partial x)^2 + (\partial f/\partial y)^2}}$$

이고 식(II-11)은

$$\iint_S G(x, y, z)\, dS = \iint_R G[x, y, f(x, y)] \sqrt{1 + \left(\frac{\partial f}{\partial x}\right)^2 + \left(\frac{\partial f}{\partial y}\right)^2}\, dx\, dy \qquad \text{(II-12)}$$

가 된다. 즉 $G(x, y, z)$를 면 S에서 면적분을 하는 것은 S를 xy 평면에 투영한 영역 R에서, 복잡해 보이는 함수의 이중 적분을 하는 것과 같다. 실제의 적분은 식(II-11)이나 (II-12)에서 보는 것보다는 대개 더 간단하다. 이것을 다음 예들에서 알 수 있다.

첫 번째 예로 다음 면적분을 계산하자.

$$\iint_S (x + z)\, dS$$

여기서 S는 그림 II-15(a)처럼 평면 $x+y+z=1$ 의 일부이다.

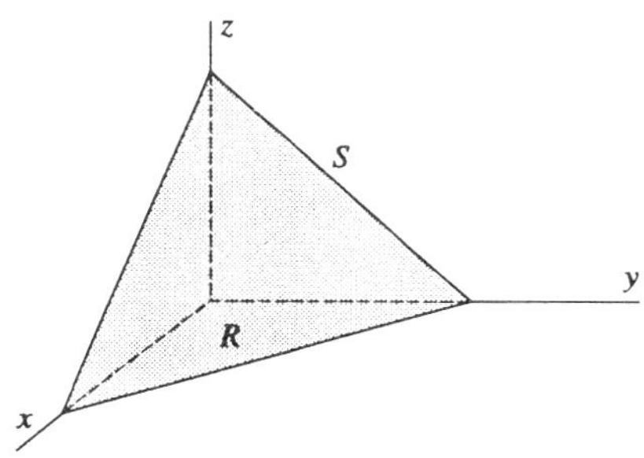

그림 II-15(a)

S를 xy 평면에 투영한 R이 그림에 나와 있다. S를 나타내는 식은

$$z = f(x, y) = 1 - x - y$$

이고

$$\frac{\partial f}{\partial x} = \frac{\partial f}{\partial y} = -1$$

$$\sqrt{1 + \left(\frac{\partial f}{\partial x}\right)^2 + \left(\frac{\partial f}{\partial y}\right)^2} = \sqrt{3}$$

이다. 따라서

$$\iint_S (x+z)\,dS = \sqrt{3}\iint_R (x+z)\,dx\,dy =$$

$$\sqrt{3}\iint_R (x+1-x-y)\,dx\,dy = \sqrt{3}\iint_R (1-y)\,dx\,dy$$

이다. 여기서 $z=1-x-y$가 사용되었다. 이것은 간단한 이중 적분이고 그 값은 $1/\sqrt{3}$이다.

두 번째 예로 다음 면적분을 계산하자.

$$\iint_S z^2\,dS$$

여기서 S는 그림 II-15(b)처럼 원점에 중심을 둔 반경이 1인 구면의 1/8 이다.

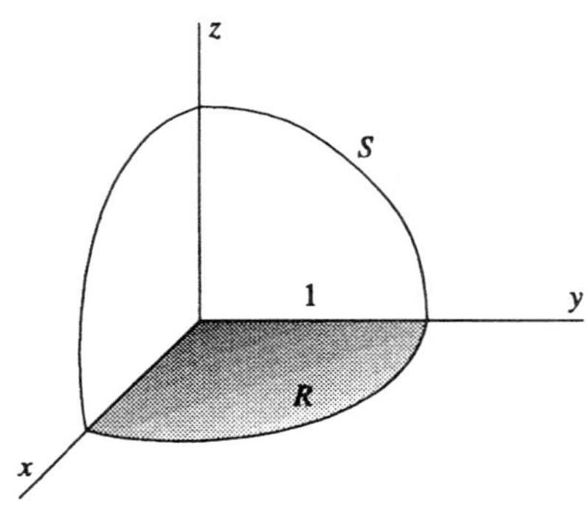

그림 II-15(b)

S를 xy평면에 투영한 R은 1/4 원 안의 면적이다. S를 나타내는 식은 $x^2+y^2+z^2=1$, 즉

$$z = f(x, y) = +\sqrt{1-x^2-y^2}$$

이고

$$\frac{\partial f}{\partial x} = -\frac{x}{z}, \quad \frac{\partial f}{\partial y} = -\frac{y}{z}$$

$$\sqrt{1 + \left(\frac{\partial f}{\partial x}\right)^2 + \left(\frac{\partial f}{\partial y}\right)^2} = \sqrt{1 + \frac{x^2}{z^2} + \frac{y^2}{z^2}}$$

$$= \frac{1}{z}\sqrt{x^2 + y^2 + z^2} = \frac{1}{z}$$

이다. 여기서 $x^2+y^2+z^2=1$이 사용되었다. 따라서

$$\iint_S z^2\,dS = \iint_R z^2 \frac{1}{z}\,dx\,dy = \iint_R z\,dx\,dy$$

이고 z를 x, y로 나타내면

$$\iint_S z^2\,dS = \iint_R \sqrt{1 - x^2 - y^2}\,dx\,dy$$

이다. 이것은 보통의 이중 적분이고 그 값은 $\pi/6$이다. 스스로 계산해 보기 바란다. [*힌트*: 극좌표로 바꾸면 적분은 간단해 진다. $x=r\cos\theta$, $y=r\sin\theta$]

위의 논의는 면 S가 $z=f(x, y)$ 형태의 식으로 표현된다는 가정에 기반을 두고 있다. 이 때 면적분은 xy 평면의 영역 R에서의 이중 적분으로 변환되었다. 하지만 그림 II-16(a)처럼 주어진 면을 $y=g(x, z)$ 형태의 식으로 나타내는 것이 더 편리한 경우가 있다.

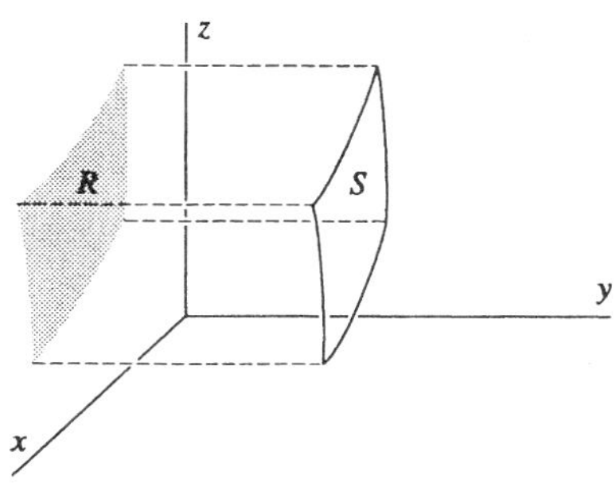

그림 II-16(a)

이 때

$$\iint_S G(x, y, z)\,dS$$

$$= \iint_R G[x, g(x, z), z]\sqrt{1 + \left(\frac{\partial g}{\partial x}\right)^2 + \left(\frac{\partial g}{\partial z}\right)^2}\,dx\,dz$$

이다. 여기서 R은 xz평면의 영역이다.

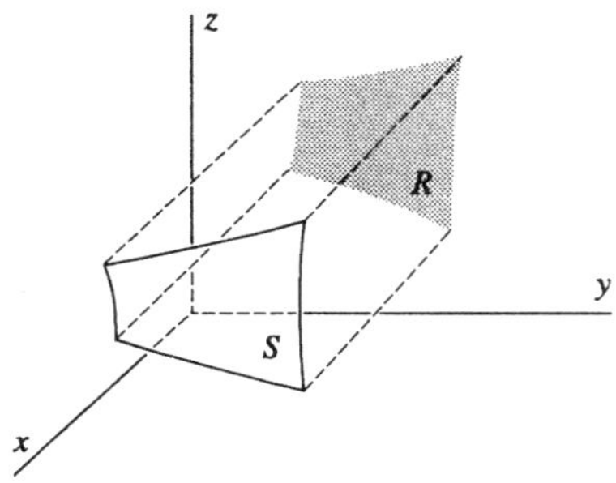

그림 II-16(b)

마찬가지로 그림 II-16(b)처럼 $x=h(y, z)$ 로 표시되는 면에서는

$$\iint_S G(x, y, z)\, dS$$

$$= \iint_R G[h(y, z), y, z] \sqrt{1 + \left(\frac{\partial h}{\partial y}\right)^2 + \left(\frac{\partial h}{\partial z}\right)^2}\, dy\, dz$$

이다. 이 경우 R은 yz평면의 영역이다. 면이 몇 개의 부분으로 이루어진 경우에는 각 부분을 다루기 편한 좌표 평면에 투영시켜서 적분을 구한다.

(II-5) 형태의 면적분, 즉

$$\iint_S \mathbf{F} \cdot \hat{\mathbf{n}}\, dS$$

를 계산하기 위해 식(II-12)의 G 를 $\mathbf{F} \cdot \hat{\mathbf{n}}$으로 바꾸면 다음을 얻는다.

$$\iint_S \mathbf{F} \cdot \hat{\mathbf{n}}\, dS = \iint_R \mathbf{F} \cdot \hat{\mathbf{n}} \sqrt{1 + \left(\frac{\partial f}{\partial x}\right)^2 + \left(\frac{\partial f}{\partial y}\right)^2}\, dx\, dy$$

식(II-4)를 이용하면 제곱근이 약분되고

$$\iint_S \mathbf{F}\cdot\hat{\mathbf{n}}\,dS = \iint_R \left\{ -F_x[x, y, f(x, y)]\frac{\partial f}{\partial x} - F_y[x, y, f(x, y)]\frac{\partial f}{\partial y} + F_z[x, y, f(x, y)] \right\} dx\,dy \qquad \text{(II-13)}$$

를 얻는다. 면 S가 $y=g(x, z)$ 나 $x=h(y, z)$ 로 표시되는 경우에 이와 유사한 식을 써 보기 바란다.

식(II-13)은 복잡하게 보이지만 대개의 경우에 전처럼 간단하게 된다. 예를 들어 $\mathbf{F}(x, y, z) = \mathbf{i}z - \mathbf{j}y + \mathbf{k}x$이고 S는 평면

$$x + 2y + 2z = 2$$

의 부분으로서 좌표 평면들이 그 경계인 삼각형일 때 [그림 II-17(a)] $\iint_S \mathbf{F}\cdot\hat{\mathbf{n}}\,dS$를 계산해 보자.

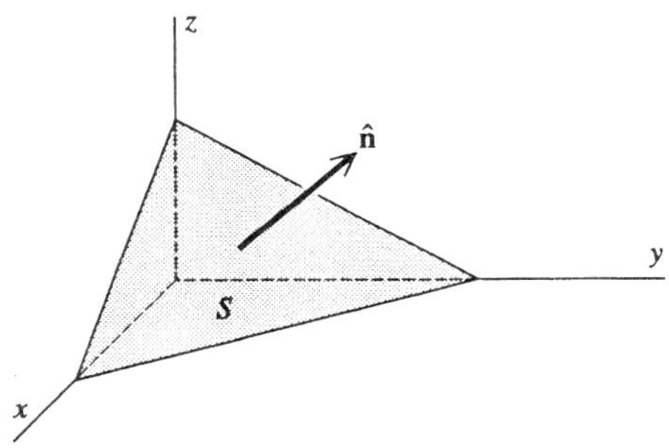

그림 II-17(a)

수직 벡터 $\hat{\mathbf{n}}$은 그림 II-17(a)처럼 원점에서 멀어지는 방향이다. S를 xy평면에 투영한다.

$$z = f(x, y) = 1 - \frac{x}{2} - y$$

이고

$$\frac{\partial f}{\partial x} = -\tfrac{1}{2}, \qquad \frac{\partial f}{\partial y} = -1$$

이다. 또한

$$F_x = z = 1 - \frac{x}{2} - y, \qquad F_y = -y, \qquad F_z = x$$

이고 따라서

$$\begin{aligned}\iint_S \mathbf{F} \cdot \hat{\mathbf{n}}\, dS \\ &= \iint_R \left\{\left[-\left(1 - \frac{x}{2} - y\right)\right](-\tfrac{1}{2}) + y(-1) + x\right\} dx\, dy \\ &= \iint_R \left(\frac{3x}{4} - \frac{3y}{2} + \frac{1}{2}\right) dx\, dy\end{aligned}$$

이다. 여기서 적분 영역 R은 그림 II-17(b)와 같다.

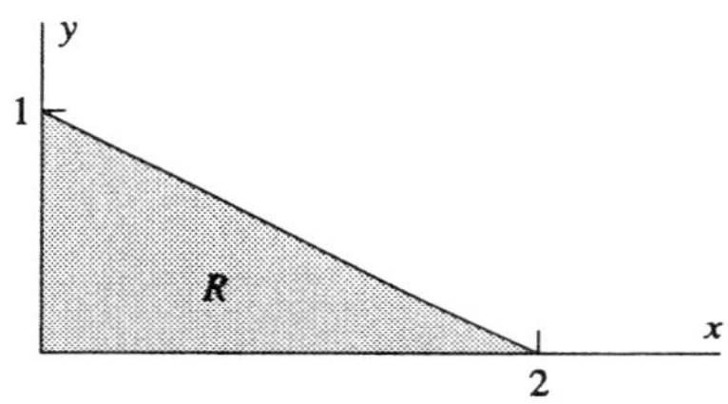

그림 II-17(b)

주어진 문제는 결국 간단한 이중 적분의 계산이 되었다. 직접 그 계산을 해 보시오(답은 1/2 이다).

두 번째 예로

$$\mathbf{F}(x, y, z) = \mathbf{i}xz + \mathbf{k}z^2$$

이다. 여기서 S는 그림 II-15(b)처럼 구면의 1/8 이다.

$z = f(x, y) = \sqrt{1 - x^2 - y^2}$이고

$$\frac{\partial f}{\partial x} = -\frac{x}{z}, \quad \frac{\partial f}{\partial y} = -\frac{y}{z}$$

이다.

즉,

$$\iint_S \mathbf{F} \cdot \hat{\mathbf{n}}\, dS$$
$$= \iint_R \left[-xz\left(-\frac{x}{z}\right) + z^2 \right] dx\, dy = \iint_R (x^2 + 1 - x^2 - y^2) dx\, dy$$
$$= \iint_R (1 - y^2) dx\, dy = \iint_R dx\, dy - \iint_R y^2\, dx\, dy$$

이다. 여기서 R은 그림 II-15(b)처럼 원의 1/4이다. 위 식의 첫 적분은 반경이 1인 원의 면적의 1/4, 즉 π/4이다. 두 번째 적분은 극좌표를 도입해서 구할 수 있다.

$$\iint_R y^2\, dx\, dy = \int_0^{\pi/2} \int_0^1 r^2 \sin^2 \theta r\, dr\, d\theta$$
$$= \int_0^{\pi/2} \sin^2 \theta\, d\theta \int_0^1 r^3\, dr$$

r과 θ의 적분은 간단하고 위 적분의 값은 π/16이다.

즉 $\iint_S \mathbf{F} \cdot \hat{\mathbf{n}}\, dS = \pi/4 - \pi/16 = 3\pi/16$이다.

플럭스

다음과 같은 적분

$$\iint_S \mathbf{F}(x, y, z) \cdot \hat{\mathbf{n}}\, dS \qquad \text{(II-14)}$$

를 **F**의 플럭스(flux)라고 한다. 즉 가우스의 법칙[식(II-1)]은 어떤 닫힌 면에서 정전기장의 플럭스가 이 면 안에 포함된 전하를 ϵ_0로 나눈 것과 같다는 것이다.

여기서 쓰인 플럭스(흐름을 뜻하는 라틴어)의 의미를 이해하여 보자. 밀도가 ρ인 유체가 속도 **v**로 흐른다. 유체가 흐르는 방향에 수직인 면적 ΔS를 Δt시간 동안에 통과하는 유체의 질량을 구해보자. 그림 II-18의 원기둥에 포함된 유체는 Δt시간 동안에 ΔS를 통과할 것이다.

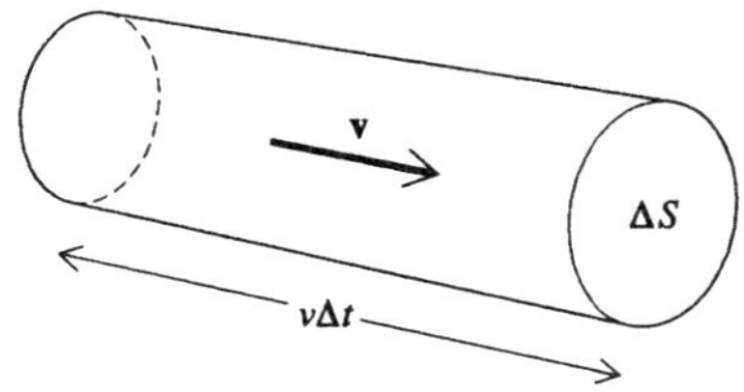

그림 II-18

이 원기둥의 부피는 v$\Delta t\Delta S$이고 여기에 포함된 유체의 질량은 ρv$\Delta t\Delta S$이다. Δt로 나누어서 흐름율(rate of flow)을 얻는다.

$$\Delta S\text{를 통과하는 흐름율} = \rho v\, \Delta S$$

이제 ΔS가 흐름의 방향에 수직이 아닌 일반적인 경우를 고려하자(그림 II-19).

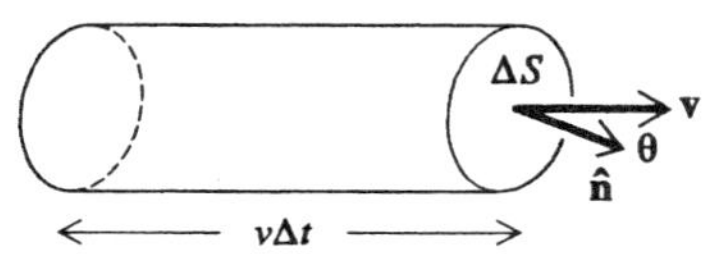

그림 II-19

ΔS를 Δt시간 동안에 통과하는 유체는 그림과 같이 변형된 원기둥에 포함된 유체이며 그 부피는 v$\Delta t\Delta S$ cos θ이다. 여기서 θ는 속도 벡터 **v**와, ΔS에 수직인 단위 벡터 $\hat{\mathbf{n}}$ 사이의 각도이며 $\mathbf{v}\cdot\hat{\mathbf{n}} = v\cos\theta$이다. 부피에 ρ를 곱하고 Δt로 나누어서 다음을 얻는다.

$$\Delta S\text{를 통과하는 흐름율} = \rho\mathbf{v}\cdot\hat{\mathbf{n}}\,\Delta S$$

끝으로 유체가 흐르는 지역에서 어떤 면 S를 고려하자(그림 II-20).

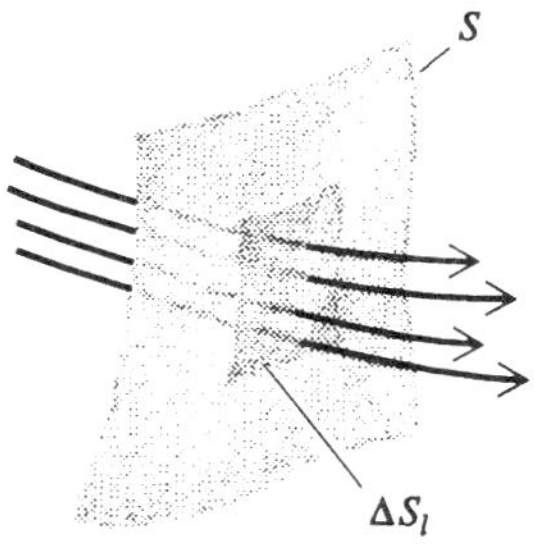

그림 II-20

면을 다면체로 근사한다. 이 다면체의 l번째 면을 지나는 유체의 흐름율은 위와 같이 하여

$$\rho(x_l, y_l, z_l)\mathbf{v}(x_l, y_l, z_l) \cdot \hat{\mathbf{n}}_l \, \Delta S_l$$

로 근사된다. 여기서 (x_l, y_l, z_l)은 l번째 면에서 S에 접하는 점의 좌표이고 $\hat{\mathbf{n}}_l$은 l번째 면에 수직인 단위 벡터이다. 다면체의 모든 면에서 이 값들을 더하고 극한을 취하면 다음을 얻는다.

$$S\text{를 통과하는 흐름율} = \iint_S \rho(x, y, z)\mathbf{v}(x, y, z) \cdot \hat{\mathbf{n}} \, dS$$

S가 닫힌 면일 때 이 면이 둘러싸는 부피의 바깥쪽으로 순 흐름이 있다면 이 적분의 값은 양수이고, 안쪽으로 순 흐름이 있다면 적분값은 음수이다.

위 식에서

$$\mathbf{F}(x, y, z) = \rho(x, y, z)\mathbf{v}(x, y, z)$$

로 놓으면 적분은 식(II-14)와 같게 된다. 이런 이유에서 (II-14) 형태의 적분을 면 S를 통과하는 $\mathbf{F}$의 플럭스라고 한다. 이 때 함수 $\mathbf{F}$가 반드시 밀도와 속도의 곱일 필요는 없다. 플럭스가 적절한 용어는 아니지만 가우스 법칙의 기하적 또는 물리적 이해를 돕는다. 전기장은 전하를 포함하는 면을 통해 '흘러나오며' 이 '흐름의 양' 은 면 안의 순 전하에 비례한다.

주의: 이것을 문자 그대로 받아들이면 안 된다. 전기장이 유체가 흐르는 것처럼 흐르는 것은 아니다. 단지 가우스 법칙의 물리를 이해하는 것을 돕는 방편일 뿐이다.

가우스의 법칙과 전기장의 계산

전기장을 계산하는 데에는 **E**에 관한 두 표현[식(I-4)와 (I-7)] 보다는 가우스의 법칙이 더 유용하다. 언뜻 보기에는 그렇지 않은 것 같다. 왜냐하면 가우스의 법칙은 식(I-4)와 (I-7)과는 달리 **E**에 대한 직접적인 표현이 아니기 때문이다. 즉 '**E**는 어떤 것과 같다' 가 아니라 '**E**의 플럭스(**E**의 수직 성분의 면적분)는 어떤 것과 같다' 이다. 따라서 가우스의 법칙을 쓰려면 **E**를 그 주위에서 분리해야 한다. 이런 점에도 불구하고 다음 예에서 보는 것처럼 가우스의 법칙을 써서 전기장을 구할 수 있는 경우가 있다.

점전하 q가 좌표계의 원점에 있다. 대칭성을 고려할 때 점전하의 전기장은 (1) 반경 방향이어야 한다(즉 원점을 향하거나 원점에서 멀어지는 방향이다). (2) 원점에 중심을 둔 구의 표면 위의 모든 점에서 같은 크기를 갖는다. 이것을 기호로 표기하면 $\mathbf{E}=\hat{\mathbf{e}}_r E(r)$이다. 여기서 $\hat{\mathbf{e}}_r=\mathbf{r}/r$은 반경 방향의 단위 벡터이다. 이제 가우스의 법칙을

$$\iint_S E(r)\,\hat{\mathbf{e}}_r\cdot\hat{\mathbf{n}}\,dS = q/\epsilon_0$$

로 쓸 수 있다. 면 S가 원점에 중심을 둔 반경이 r인 구의 표면일 때 $\hat{\mathbf{n}}=\hat{\mathbf{e}}_r$, $\hat{\mathbf{n}}\cdot\hat{\mathbf{e}}_r=1$이고 위 식은

$$\iint_S E(r)\,dS = q/\epsilon_0$$

가 된다. 구의 표면 S에서 r은 상수이므로 이 적분은 간단히 계산된다. $E(r)$도 S에서 상수이므로

$$\iint_S E(r)\,dS = E(r)\iint_S dS = 4\pi r^2 E(r) = q/\epsilon_0$$

이다.[4] 따라서

$$E(r) = \frac{1}{4\pi\epsilon_0}\frac{q}{r^2}$$

4) 이런 경우 복잡한 과정 없이 면적분을 구할 수 있다. 다른 예가 문제 II-10에 나와 있다.

이고

$$\mathbf{E}(\mathbf{r}) = \hat{\mathbf{e}}_r E(r) = \frac{\hat{\mathbf{e}}_r}{4\pi\epsilon_0} \frac{q}{r^2}$$

이다. 이 식은 식(I-2)와 같다.

가우스의 법칙을 써서 장을 구할 때 대칭성이 중요하다는 것을 이 예에서 알 수 있다. 식(II-1)의 형태로 주어지는 가우스의 법칙을 실제로 쓰기 위해서는 식(I-4)와 (I-7) 보다 대칭성과 간단함이 더 요구된다. 이 형태의 법칙을 쓰면 다음 세 가지 경우(와 그 조합)에 전기장을 구할 수 있다.

(1) 전하의 분포가 구 대칭이다(앞에서 고려한 점전하는 그 특수한 예이다).
(2) 원통 대칭이며 무한히 긴 전하 분포(무한히 긴 선에서 전하가 균일하게 분포하는 경우가 포함된다)
(3) 무한 평판 형태의 전하 분포(무한 평면에 전하가 균일하게 분포하는 경우는 그 특수한 예이다)[5)]

식(II-1)의 진정한 가치는 이 식이 더 유용한 형태로 바뀔 수 있다는 것이다.

식(II-1)을 써서 $\mathbf{E}$를 구하기가 어려운 것은 왜 그럴까? 이 문제에 답하기 위해 컴퓨터를 써서 $\iint_S \mathbf{E} \cdot \hat{\mathbf{n}}\, dS$의 수치 계산을 한다고 하자. 적분을 수치적으로 구할 때는 적분을 합으로 근사한다. 적분은 결국 합의 극한이기 때문이다. 예를 들어 면 S를 10개의 평면 조각으로 나누자. 식(II-1)의 근사는

$$\sum_{l=1}^{10} \mathbf{E}_l \cdot \hat{\mathbf{n}}_l \, \Delta S_l \simeq q/\epsilon_0$$

이 된다. 여기서 $\mathbf{E}_l$은 l번째 조각 상의 어떤 점에서 $\mathbf{E}$이고 $\hat{\mathbf{n}}_l$은 그 조각의 단위 수직 벡터이다. 이 식에서 $\mathbf{E}$를 구할 가능성은 거의 없다. 이것은 10개의 알려지지 않은 미지수 $\mathbf{E}_1$, $\mathbf{E}_2$, ..., $\mathbf{E}_{10}$을 갖는 하나의 식인 것이다. 더구나 아주 정확한 것도 아니다. 정확도를 높이기 위해 곡면을 10개가 아니라 100개의 조각으로 근사할 수 있다.

5) 이들의 예가 문제 II-11, II-12, II-13 에 나와 있다.

$$\sum_{l=1}^{100} \mathbf{E}_l \cdot \hat{\mathbf{n}}_l \, \Delta S_l \simeq q/\epsilon_0$$

더 정확하지만 더 가망성이 없는 것은 한 식에 100개의 미지수가 있기 때문이다. 이보다 더 정확한 (그리고 더 가망성이 없는)

$$\iint_S \mathbf{E} \cdot \hat{\mathbf{n}} \, dS = q/\epsilon_0$$

는 한 식에 무한개의 미지수가 있다. 이 미지수는 면 S의 무한히 많은 점들 각각에서 $\mathbf{E} \cdot \hat{\mathbf{n}}$의 값이다.[6)]

식(II-1)의 문제점을 알아보았다. 면을 지나는 플럭스가 아니라 한 점에서의 플럭스(무엇을 의미하건 간에)를 고려하면 가우스의 법칙에서 뭔가 다룰 수 있는 것이 나올지도 모른다. 어떤 점 P를 동심 구면 S_1, S_2, S_3 등으로 둘러싼다고 하자(그림 II-21).

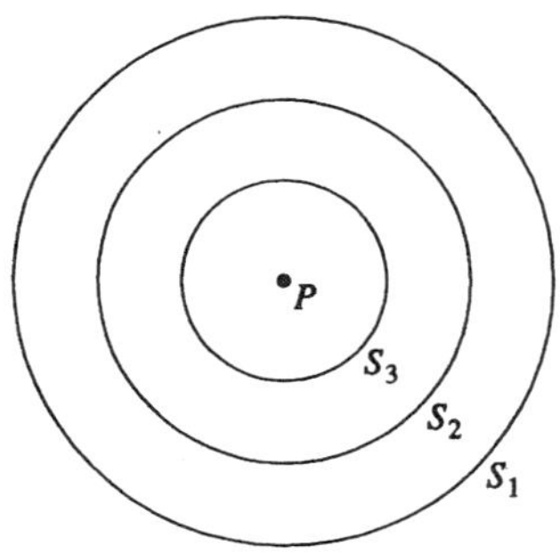

그림 II-21

각 구면을 지나는 플럭스 Φ_1, Φ_2, Φ_3 등을 계산한다. P를 중심으로 점점 더 작아지는 구면들에서 플럭스를 계산해서 이것의 극한을 점 P에서의 플럭스로 정의할 수 있겠다.

그럴듯해 보이지만 이것은 성립하지 않는다. 왜냐하면 전하 밀도가 어디에서나 유한하다면 위의 극한은 임의점 P에서 0이기 때문이다. 어떤 면을 통과하는 플럭스는 그 면이 점으로 줄어들면 0이 되는 것이다. 우리의 목표는 한 점에서 플럭스를 정할 수 있는 방법을 발견해서 그

6) 점전하의 경우 가우스의 법칙을 써서 전기장을 구한 바 있다. 이 경우에는 대칭성 때문에 무한히 많은 미지수가 모두 같다. 그리고 가우스의 법칙은 한 개의 미지수를 갖는 하나의 식이 된다.

점에서의 장에 대해 알고자 하는 것이다. 임의점에서 장의 값에 관계 없이 플럭스가 0이 되는 것은 원하는 바가 아니다.

면이 점으로 줄어들면서 플럭스가 0이 되는 것은 명백하지만 물리학자의 관점에서 증명해 보자. 어떤 부피 ΔV에서 평균 전하 밀도는 $\bar{\rho}_{\Delta V}$이다. 식(I-5)에서 ΔV에 포함된 전체 전하는 $\bar{\rho}_{\Delta V}\Delta V$이고 가우스의 법칙[식(II-1)]은

$$\iint_S \mathbf{E} \cdot \hat{\mathbf{n}}\, dS = \bar{\rho}_{\Delta V}\,\Delta V/\epsilon_0 \tag{II-15}$$

로 쓸 수 있다. 여기서 면적분은 부피 ΔV를 둘러싸는 면 S에서 계산한다(그림 II-22).

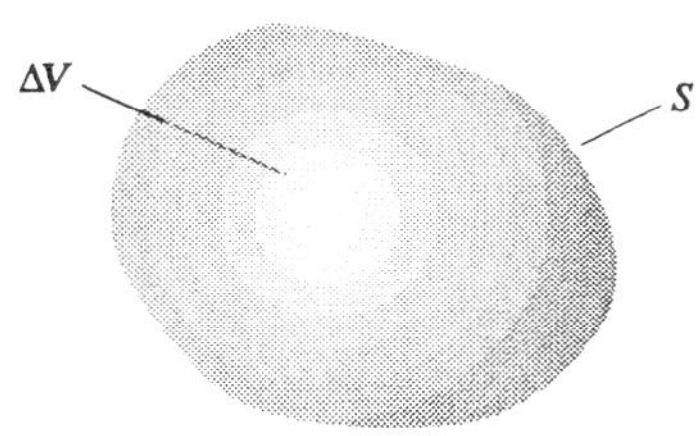

그림 II-22

위의 식에서 $S \to 0$이면 S가 둘러싼 부피 ΔV는 당연히 0으로 접근한다. 즉 플럭스는 0이 되고 주장은 증명되었다.[7] 증명했을 뿐만 아니라 이것이 중요한데, $S \to 0$에 따라 0이 되지 않는 양을 찾아내었다. 식(II-15)를 ΔV로 나누면

$$\frac{1}{\Delta V}\iint_S \mathbf{E} \cdot \hat{\mathbf{n}}\, dS = \bar{\rho}_{\Delta V}/\epsilon_0$$

이다. 이 식이 비록 어색해 보이고 여전히 **E**의 면적분이 있지만 우리가 찾고 있는 것에 가깝다. 이제 ΔV안의 어떤 점, 즉 좌표가 (x, y, z)인 점을 중심으로 S가 0으로 가는 극한을 취하자. 이때 평균 밀도 $\bar{\rho}_{\Delta V}$는 식(I-6)과 같이 점 (x, y, z)에서의 밀도 $\rho(x, y, z)$에 접근한다.

$$\lim_{\substack{\Delta V \to 0 \\ \text{about } (x,y,z)}} \frac{1}{\Delta V}\iint_S \mathbf{E} \cdot \hat{\mathbf{n}}\, dS = \rho(x, y, z)/\epsilon_0 \tag{II-16}$$

7) 계에 점전하들이 있는 경우에는 이러한 추론과 결론은 바뀌어야 한다.

이 식이 쓸모가 있으려면 좌변을 바꾸어야 하는데, 다음에서 이것을 다룬다.

발산

임의의 벡터 함수 $\mathbf{F}(x, y, z)$의 면적분을 고려하자.

$$\iint_S \mathbf{F} \cdot \hat{\mathbf{n}}\, dS$$

면 S에 포함된 부피가 어떤 점을 중심으로 0으로 줄어들 때 면적분과 부피의 비에 관심이 있다. 이 비의 극한은 바로 식(II-16)에 나오는 형태와 같으며, 중요하므로 특별한 이름과 표기로 나타낸다. 이것을 $\mathbf{F}$의 발산(divergence)이라 하며 div $\mathbf{F}$로 표기한다.

$$\operatorname{div} \mathbf{F} \equiv \lim_{\substack{\Delta V \to 0 \\ \text{about } (x,y,z)}} \frac{1}{\Delta V} \iint_S \mathbf{F} \cdot \hat{\mathbf{n}}\, dS \qquad \text{(II-17)}$$

이 양은 분명히 스칼라이고 일반적으로 다른 점(x, y, z)에서 서로 다른 값을 갖는다. 즉 벡터 함수의 발산은 위치의 스칼라 함수이다.

식(II-16)은

$$\operatorname{div} \mathbf{E} = \rho/\epsilon_0 \qquad \text{(II-18)}$$

로 쓸 수 있다. 하지만 여기서 새로운 표기는 복잡한 식을 감추는 역할만 한다. 다음에 플럭스 대 부피의 비의 극한을 실제로 계산하여 발산을 편도함수의 항으로 나타내기로 한다. 그 전에 새 용어(발산)를 문자 그대로 받아들여 식(II-18)을 해석하면 다음과 같다. 장은 어떤 점에서 내뿜어져 나오며 그 세기는 그 점에서의 전하량(전하 밀도로 나타내어지는)에 의존한다.

이제 벡터 함수의 발산에 관한 표현을 구하기로 한다. 각 변이 좌표축에 평행하고 그 길이가 각각 Δx, Δy, Δz인 작은 직육면체를 고려하자(그림 II-23).[8)]

8) cuboid라고도 한다.

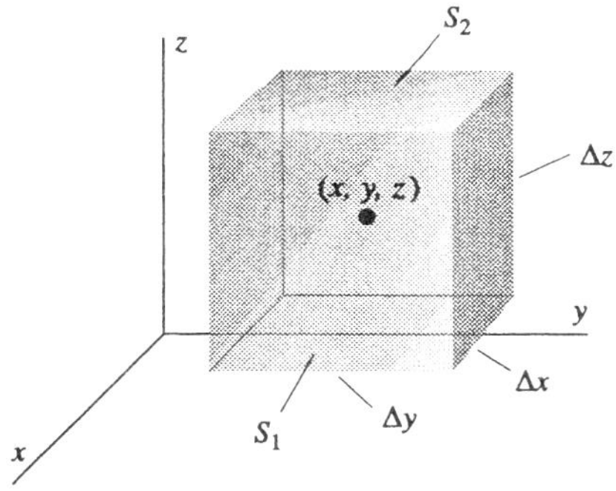

그림 II-23

직육면체에서 중심의 좌표는 (x, y, z)이다. 직육면체에서 **F**의 면적분은 각 면에서 적분하여 얻은 6개 항을 더하여 구한다. 그림의 S_1면에서의 적분은

$$\iint_{S_1} \mathbf{F} \cdot \hat{\mathbf{n}}\, dS$$

이다. 이 면에 수직하고 직육면체의 부피에서 바깥으로 향하는 단위 벡터는 **i**이다. $\mathbf{F} \cdot \mathbf{i} = F_x$이므로 위의 적분은

$$\iint_{S_1} F_x(x, y, z)\, dS$$

이다. 직육면체는 작다고 가정한다(궁극적으로 크기가 0으로 줄어든다). 따라서 이 적분값은 면 S_1의 중심의 F_x값과 면의 면적을 곱한 것으로 근사할 수 있다.[9] S_1의 중심의 좌표는 $(x+\Delta x/2, y, z)$이고 즉

$$\iint_{S_1} F_x(x, y, z)\, dS \simeq F_x\left(x + \frac{\Delta x}{2}, y, z\right) \Delta y\, \Delta z \tag{II-19}$$

이다. 반대면 S_2 [수직 벡터 $-\mathbf{i}$, 중심의 좌표 $(x-\Delta x/2, y, z)$]에 대해서도 마찬가지이다.

9) 평균값 정리에 의하면 S_1에서 F_x의 적분값은 S_1의 면적과 S_1상의 어딘가의 함수값을 곱한 것이다. S_1이 작으므로 그 어딘가와 S_1의 중심의 위치는 가까울 것이고 두 점에서의 F_x값은 거의 비슷할 것이다. 따라서 이 과정은 적분값에 대한 좋은 근사이다. 게다가 직육면체가 0으로 줄면서 두 점은 더욱 가까워지고, 극한에서 결과[식 (II-22)]는 정확하다.

$$\iint_{S_2} \mathbf{F} \cdot \hat{\mathbf{n}}\, dS = -\iint_{S_2} F_x\, dS$$
$$\simeq -F_x\left(x - \frac{\Delta x}{2}, y, z\right) \Delta y\, \Delta z \qquad \text{(II-20)}$$

두 면의 적분값을 더하여

$$\iint_{S_1+S_2} \mathbf{F} \cdot \hat{\mathbf{n}}\, dS$$
$$\simeq \left[F_x\left(x + \frac{\Delta x}{2}, y, z\right) - F_x\left(x - \frac{\Delta x}{2}, y, z\right)\right] \Delta y\, \Delta z$$
$$= \frac{F_x\left(x + \frac{\Delta x}{2}, y, z\right) - F_x\left(x - \frac{\Delta x}{2}, y, z\right)}{\Delta x} \Delta x\, \Delta y\, \Delta z$$

를 얻는다. $\Delta x \Delta y \Delta z = \Delta V$는 직육면체의 부피이다.

$$\frac{1}{\Delta V} \iint_{S_1+S_2} \mathbf{F} \cdot \hat{\mathbf{n}}\, dS$$
$$\simeq \frac{F_x\left(x + \frac{\Delta x}{2}, y, z\right) - F_x\left(x - \frac{\Delta x}{2}, y, z\right)}{\Delta x} \qquad \text{(II-21)}$$

ΔV가 0으로 가는 극한을 취한다.[10] ΔV가 0에 근접함에 따라 직육면체의 각 변도 0에 근접한다. 즉 식(II-21)의 우변에서 $\lim_{\Delta V \to 0}$대신 $\lim_{\Delta x \to 0}$이라고 쓸 수 있다.

$$\lim_{\Delta V \to 0} \frac{1}{\Delta V} \iint_{S_1+S_2} \mathbf{F} \cdot \hat{\mathbf{n}}\, dS$$
$$= \lim_{\Delta x \to 0} \frac{F_x\left(x + \frac{\Delta x}{2}, y, z\right) - F_x\left(x - \frac{\Delta x}{2}, y, z\right)}{\Delta x} = \frac{\partial F_x}{\partial x}$$

여기서 편도함수의 값은 (x, y, z)에서 구한다. 마지막 등호는 편미분의 정의에서 나왔다. 직육면체의 다른 두 쌍의 면에서는 $\partial F_y/\partial y$와 $\partial F_z/\partial z$를 얻는다. 즉

10) 직육면체에서 다른 네 면의 적분은 아직 다루지 않았다.

$$\lim_{\Delta V \to 0} \frac{1}{\Delta V} \iint_S \mathbf{F} \cdot \hat{\mathbf{n}}\, dS = \frac{\partial F_x}{\partial x} + \frac{\partial F_y}{\partial y} + \frac{\partial F_z}{\partial z}$$

이다. 이 식의 좌변은 바로 **F**의 발산이다[식(II-17)].

$$\text{div}\,\mathbf{F} = \frac{\partial F_x}{\partial x} + \frac{\partial F_y}{\partial y} + \frac{\partial F_z}{\partial z} \tag{II-22}$$

이 결과는 유도 과정에서 사용된 부피의 모양에 무관하다(문제 II-17).

식(II-22)를 써서 벡터 함수의 발산을 구하는 예를 들자. 함수는 다음과 같다.

$$\mathbf{F}(x, y, z) = \mathbf{i}x^2 + \mathbf{j}xy + \mathbf{k}yz$$

$$\frac{\partial F_x}{\partial x} = 2x, \qquad \frac{\partial F_y}{\partial y} = x, \qquad \frac{\partial F_z}{\partial z} = y$$

이므로

$$\text{div}\,\mathbf{F} = 2x + x + y = 3x + y$$

이다.

식(II-18)과 (II-22)에서 정전기장에 관한 다음 식을 얻는다.

$$\frac{\partial E_x}{\partial x} + \frac{\partial E_y}{\partial y} + \frac{\partial E_z}{\partial z} = \rho/\epsilon_0 \tag{II-23}$$

이 식은 맥스웰 식 중의 하나이다. 가우스의 법칙[식(II-1)]과 동일하며 가우스의 법칙의 미분형이라고 한다.

어떤 한 점의 정전기장의 특성(발산)과 그 점에서 알고 있는 양(전하 밀도)을 연관지었다. 식(II-23)은 미지수가 세 개(E_x, E_y, E_z)인 하나의 식(미분식)이다. 따라서 이 식 자체는 장을 구하는데 자주 쓰이지는 않는다. 그렇지만 **E**의 세 성분이 우아하게 연관되는 것을 볼 수 있다. **E**를 구하는 방법은 뒤에서 다룰 것이다.

원통 및 구면 좌표계에서 구한 발산

벡터 함수 **F**의 발산을 식(II-22)로 정의하는 경우도 있다. 여기서는 식(II-16)처럼 플럭스와 부피의 비의 극한으로 발산을 정의한다. 식(II-22)는 직각 좌표계(Cartesian coordinates)에서 발산의 형식일 뿐이며 다른 좌표계에서는 달라질 것이다. 예를 들어 원통 좌표계(cylindrical coordinates)에서 함수 **F**의 세 성분은 F_r, F_θ, F_z 이다[그림 II-24(a)].

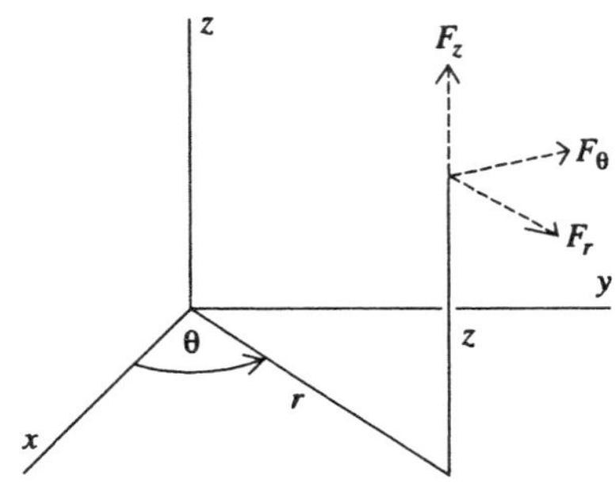

그림 II-24(a)

원통 좌표계에서 **F**의 발산을 구하기 위해 그림 II-24(b)와 같은 '원통형 직육면체'를 고려하자.

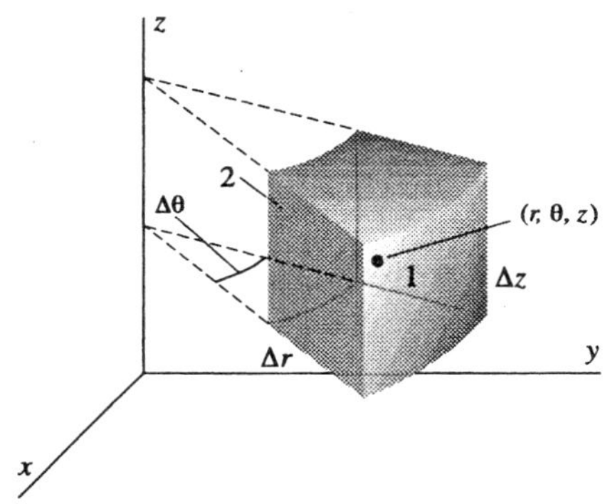

그림 II-24(b)

이것의 부피는 $\Delta V = r\Delta r\Delta\theta\Delta z$이고 중심은 점 (r, θ, z)이다.[11]

면 1을 지나는 **F**의 플럭스는

$$\iint_{S_1} \mathbf{F} \cdot \hat{\mathbf{n}}\, dS = \iint_{S_1} F_r\, dS$$

$$\simeq F_r\left(r + \frac{\Delta r}{2}, \theta, z\right)\left(r + \frac{\Delta r}{2}\right) \Delta\theta\, \Delta z$$

이고 면 2를 지나는 플럭스는

$$\iint_{S_2} \mathbf{F} \cdot \hat{\mathbf{n}}\, dS = -\iint_{S_2} F_r\, dS$$

$$\simeq -F_r\left(r - \frac{\Delta r}{2}, \theta, z\right)\left(r - \frac{\Delta r}{2}\right) \Delta\theta\, \Delta z$$

이다. 이 두 결과를 더하고 부피 ΔV로 나누어 다음을 얻는다.

$$\frac{1}{\Delta V} \iint_{S_1+S_2} \mathbf{F} \cdot \hat{\mathbf{n}}\, dS$$

$$\simeq \frac{1}{r\,\Delta r}\left[\left(r + \frac{\Delta r}{2}\right) F_r\left(r + \frac{\Delta r}{2}, \theta, z\right) - \left(r - \frac{\Delta r}{2}\right) F_r\left(r - \frac{\Delta r}{2}, \theta, z\right)\right]$$

ΔV가 0에 접근하면 Δr도 0에 접근하고 우변은

$$\frac{1}{r}\frac{\partial}{\partial r}(rF_r)$$

이 된다. 다른 네 면에 대해서도 마찬가지로 하면(문제 II-20) 결국 원통 좌표계에서 구한 발산은 다음과 같다.

$$\operatorname{div} \mathbf{F} = \frac{1}{r}\frac{\partial}{\partial r}(rF_r) + \frac{1}{r}\frac{\partial F_\theta}{\partial \theta} + \frac{\partial F_z}{\partial z} \tag{II-24}$$

구면 좌표계(spherical coordinates)에서 $\mathbf{F}$의 세 성분은 F_r, F_θ, F_ϕ이다[그림 II-25].

11) 그림 II-23의 직각 좌표계에서 직육면체의 각 면은 x=상수, y=상수, z=상수 와 같은 식으로 주어진다. 마찬가지로 그림 II-24(b)에서 각 면은 r=상수, θ=상수, z=상수 의 식으로 주어진다.

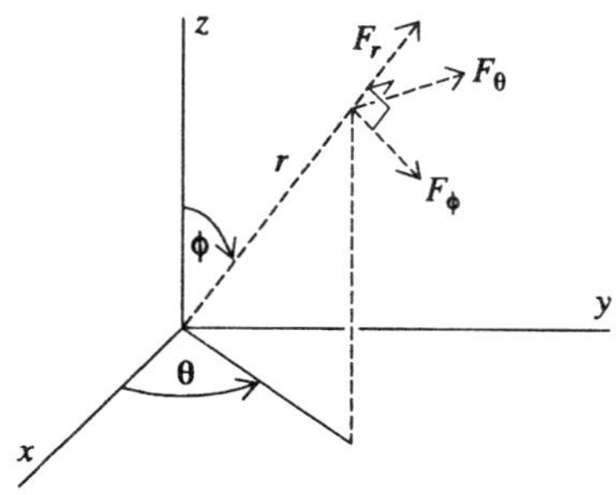

그림 II-25

같은 논리로 구한 발산은 다음과 같다(문제 II-21).

$$\text{div}\,\mathbf{F} = \frac{1}{r^2}\frac{\partial}{\partial r}(r^2 F_r) + \frac{1}{r\sin\phi}\frac{\partial}{\partial\phi}(\sin\phi F_\phi) + \frac{1}{r\sin\phi}\frac{\partial F_\theta}{\partial\theta} \tag{II-25}$$

델의 도입

발산을 나타내는 기호가 있다. 이것은 div 대신에 사 용되는것 외에도 벡터 미적분학에서 유용하게 쓰인다.

다음 식으로 ∇[델(del)이라고 읽는다]을 정의한다.

$$\nabla = \mathbf{i}\frac{\partial}{\partial x} + \mathbf{j}\frac{\partial}{\partial y} + \mathbf{k}\frac{\partial}{\partial z}$$

∇과 벡터 함수 $\mathbf{F}=\mathbf{i}F_x+\mathbf{j}F_y+\mathbf{k}F_z$의 내적을 취한다.

$$\begin{aligned}\nabla \cdot \mathbf{F} &= \left(\mathbf{i}\frac{\partial}{\partial x} + \mathbf{j}\frac{\partial}{\partial y} + \mathbf{k}\frac{\partial}{\partial z}\right)\cdot(\mathbf{i}F_x + \mathbf{j}F_y + \mathbf{k}F_z)\\ &= \frac{\partial}{\partial x}F_x + \frac{\partial}{\partial y}F_y + \frac{\partial}{\partial z}F_z\end{aligned}$$

$\partial/\partial x$와 F_x의 '곱' 을 편도함수로 해석하면

$$\frac{\partial}{\partial x}F_x \equiv \frac{\partial F_x}{\partial x}$$

이다. '곱' $(\partial/\partial y)F_y$와 $(\partial/\partial z)F_z$도 마찬가지로 하면 $\nabla \cdot \mathbf{F}$는 div **F**와 서로 같다. 현재의 표기 방법에 따라 앞으로는 발산을 $\nabla \cdot \mathbf{F}$로 쓸 것이다.

즉 식(II-18)과 (II-23)은

$$\nabla \cdot \mathbf{E} = \rho/\epsilon_0$$

가 된다.

수학자는 ∇과 같은 기호를 연산자(operator)라고 한다. 어떤 벡터 함수에 ∇을 작용하면 그 함수의 발산을 얻는다. 앞으로 세 개의 다른 양(그래디언트, 회전, 라플라시안)을 도입할 것이다. 이들은 전부 연산자로서 ∇로 나타낼 수 있다.

발산 정리

면적분과 부피적분을 연관시키는 유명한 정리를 논의하고자 한다. 이 정리는 일반적 조건 하에서 성립하는 수학적 명제로서 물리학 뿐만 아니라 다른 여러 경우에 응용이 된다. 이것이 발산 정리이며 가끔 가우스의 정리라고도 한다(가우스의 법칙과 혼동하지 말것).

발산 정리를 수학적으로 엄밀하게 증명하지는 않을 것이다. 이런 증명은 고등 미적분학 책에서 다룬다. 여기서는 물리학자 스타일의 증명을 선 보인다. 닫힌 면 *S*가 있다. *S*가 포함하는 부피 *V*를 *N*개의 부분으로 나눈다. 그 중 하나가 그림 II-26에 나와 있다(편의상 정육면체이다).

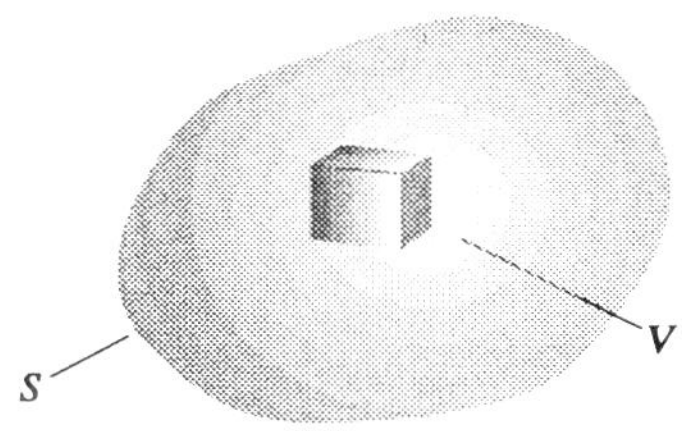

그림 II-26

면 *S*를 지나는 임의 벡터 함수 $\mathbf{F}(x, y, z)$의 플럭스가 각 부분의 면을 지나는 플럭스의 합과 같다는 것을 먼저 증명한다.

$$\iint_S \mathbf{F} \cdot \hat{\mathbf{n}}\, dS = \sum_{l=1}^{N} \iint_{S_l} \mathbf{F} \cdot \hat{\mathbf{n}}\, dS \tag{II-26}$$

여기서 S_l은 부분 ΔV_l을 포함하는 면이다. 서로 이웃하고 있는 두 개의 부분을 고려하자(그림 II-27).

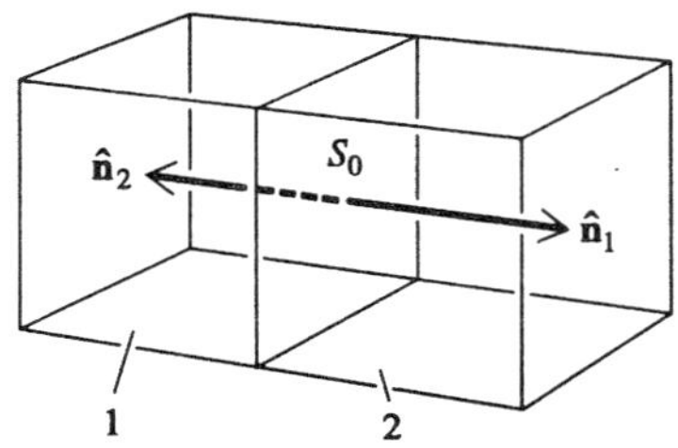

그림 II-27

S_0는 공통인 면이다. 그림 II-27에서 부분 1을 지나는 플럭스는 S_0를 지나는 플럭스

$$\iint_{S_0} \mathbf{F} \cdot \hat{\mathbf{n}}_1\, dS$$

를 포함한다. 여기서 $\hat{\mathbf{n}}_1$은 S_0에 수직인 단위 벡터로서 부분 1의 바깥 방향을 향한다. 부분 2를 지나는 플럭스도 S_0를 지나는 플럭스

$$\iint_{S_0} \mathbf{F} \cdot \hat{\mathbf{n}}_2\, dS$$

를 포함한다. $\hat{\mathbf{n}}_2$는 단위 수직 벡터로서 부분 2의 바깥을 향한다. 명백히 $\hat{\mathbf{n}}_1 = -\hat{\mathbf{n}}_2$이다. 식(II-26)의 합에는 다음 두 항이 들어간다.

$$\iint_{S_0} \mathbf{F} \cdot \hat{\mathbf{n}}_1\, dS + \iint_{S_0} \mathbf{F} \cdot \hat{\mathbf{n}}_2\, dS = \iint_{S_0} \mathbf{F} \cdot \hat{\mathbf{n}}_1\, dS - \iint_{S_0} \mathbf{F} \cdot \hat{\mathbf{n}}_1\, dS = 0$$

두 항은 서로 소거되고, S_0를 지나는 플럭스는 식(II-26)의 합에 아무런 기여를 하지 못한다. 이러한 소거는 서로 이웃한 두 부분의 모든 공통면에서 일어난다. 부분들의 모든 면은 표면 S에 속하는 면을 제외하고는 서로 이웃하고 있다. 따라서 식(II-26)의 합에서 소거되지 않은 항들의 합은 면 S를 지나는 플럭스와 같다. 이로써 식(II-26)이 증명되었다.

식(II-26)을 다음과 같이 쓴다.

$$\iint_S \mathbf{F} \cdot \hat{\mathbf{n}}\, dS = \sum_{l=1}^{N} \left[\frac{1}{\Delta V_l} \iint_{S_l} \mathbf{F} \cdot \hat{\mathbf{n}}\, dS \right] \Delta V_l \tag{II-27}$$

이 식은 합의 각 항을 면 S_l이 포함하는 ΔV_l로 곱하고 나눈 것에 불과하다. 이제 V를 더 잘게 나누어 간다. 즉 식(II-27)의 합에서 부분들의 수는 무한대가 되고 각 부분의 부피 ΔV_l은 0이 되는 극한을 취한다. 식(II-27)의 대괄호의 극한은 정의에서 $(\nabla \cdot \mathbf{F})_l$이다. 즉 ΔV_l이 어떤 점을 중심으로 줄어드는데 바로 그 점에서 **F**의 발산값이다. 각각의 ΔV_l이 매우 작으므로 식(II-27)은

$$\iint_S \mathbf{F} \cdot \hat{\mathbf{n}}\, dS \simeq \sum_{l=1}^{N} (\nabla \cdot \mathbf{F})_l\, \Delta V_l \tag{II-28}$$

이 된다. 이 합은 극한에서 정의에 의해, S가 포함하는 부피에서 $\nabla \cdot \mathbf{F}$의 3중 적분이 된다.

$$\lim_{\substack{N \to \infty \\ \text{each } \Delta V_l \to 0}} \sum_{l=1}^{N} (\nabla \cdot \mathbf{F})_l\, \Delta V_l \equiv \iiint_V \nabla \cdot \mathbf{F}\, dV \tag{II-29}$$

식(II-26)에서 (II-29)까지의 식들을 종합하여 다음을 얻는다.

$$\iint_S \mathbf{F} \cdot \hat{\mathbf{n}}\, dS = \iiint_V \nabla \cdot \mathbf{F}\, dV \tag{II-30}$$

이것이 발산 정리이다. 말로 하면 다음과 같다. 어떤 닫힌 면을 지나는 벡터 함수의 플럭스와, 그 면이 포함하는 부피에 대해서 그 함수의 발산을 3중 적분한 것은 서로 같다.

위의 증명이 엄밀하지 않은 이유는 다음과 같다. 3중 적분은 다음 형태의 합의 극한으로 정의된다.

$$\sum_l g(x_l, y_l, z_l)\, \Delta V_l$$

여기서 함수 g는 잘 정의된 함수이다. 그런데 식(II-27)에서 대괄호 안의 양은 잘 정의된 함수가 아니다. 즉 ΔV_l이 0으로 감에 따라 대괄호의 값은 변하며 단지 극한에서만 **F**의 발산이 된다. **F**(즉 F_x, F_y, F_z)가 V와 S 위에서 연속이고 미분 가능하며 1계 도함수들이 연속일 때 식(II-30)이 성립하는 것을 엄밀한 증명으로 보일 수 있다.

발산 정리를 보여주는 간단한 예를 들자.

$$\mathbf{F}(x, y, z) = \mathbf{i}x + \mathbf{j}y + \mathbf{k}z$$

이고 면 S는 그림 II-28처럼 반경이 1인 반구의 곡면과 xy 평면에서 반경이 1인 원 안의 영역 R로 이루어 진다.

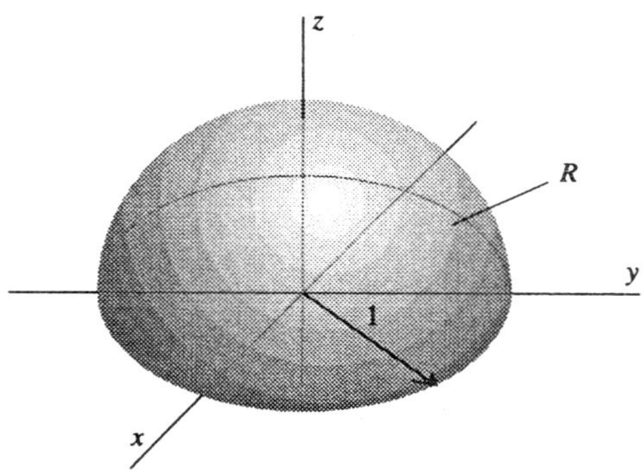

그림 II-28

반구 상에서 $\hat{\mathbf{n}} = \mathbf{i}x + \mathbf{j}y + \mathbf{k}z$이고 따라서 $\hat{\mathbf{n}} \cdot \mathbf{F} = x^2 + y^2 + z^2 = 1$이다. 즉 반구에서

$$\iint \mathbf{F} \cdot \hat{\mathbf{n}}\, dS = \iint dS = 2\pi$$

이다. 끝의 등호는 적분이 단순히 반구의 면적이라는 사실에서 나온다. 영역 R에서 $\hat{\mathbf{n}} = -\mathbf{k}$ 이고 $\hat{\mathbf{n}} \cdot \mathbf{F} = -z$이다. 따라서 R에서

$$\iint \mathbf{F} \cdot \hat{\mathbf{n}}\, dS = -\iint z\, dx\, dy = 0$$

이다. R의 모든 점에서 $z=0$ 이기 때문이다. 즉 R은 면적분에 기여하지 않고

$$\iint_S \mathbf{F} \cdot \hat{\mathbf{n}}\, dS = 2\pi$$

이다. 간단한 계산을 하면 $\nabla \cdot \mathbf{F} = 3$이다. 그러므로

$$\iiint_V \nabla \cdot \mathbf{F}\, dV = 3 \iiint_V dV = 3\,\frac{2\pi}{3} = 2\pi$$

이다. 여기서 반구의 부피가 $2\pi/3$라는 사실을 이용했다. 면적분과 부피적분은 서로 같고 이것이 식(II-30)이 성립하는 것을 보여준다.

발산 정리의 간단한 응용

발산 정리를 사용하는 예로 식(II-18)을 다른 방법으로 유도한다.

가우스의 법칙에서 시작하자.

$$\iint_S \mathbf{E} \cdot \hat{\mathbf{n}}\, dS = \frac{1}{\epsilon_0} \iiint_V \rho\, dV \qquad \text{(II-31)}$$

위 식의 면적분에 발산 정리를 적용하여 다음을 얻는다.

$$\iint_S \mathbf{E} \cdot \hat{\mathbf{n}}\, dS = \iiint_V \nabla \cdot \mathbf{E}\, dV \qquad \text{(II-32)}$$

식(II-31)과 (II-32)에서 다음을 얻는다.

$$\iiint_V \nabla \cdot \mathbf{E}\, dV = \frac{1}{\epsilon_0} \iiint_V \rho\, dV$$

일반적으로 두 부피적분의 값이 서로 같아도 피적분 함수들이 서로 같을 필요는 없다. 두 적분은 어느 특정한 부피 V에서만 같고 다른 부피에서 적분하면 서로 다를 수 있다. 그러나 이것은 지금 경우에 해당하지 않는다. 왜냐하면 가우스의 법칙은 임의 부피 V에서 성립하기 때문이다. 부피가 바뀌어도 등호는 성립한다. 이것은 피적분 함수가 서로 같을 때만 그렇다. 따라서

$$\nabla \cdot \mathbf{E} = \rho/\epsilon_0$$

이다. 익숙한 식이다!

발산 정리를 사용하는 다른 예가 있다. 공간의 어떤 영역에서 어떤 '것' (물질, 전하 등)이 움직이고 있다(그림 II-29).

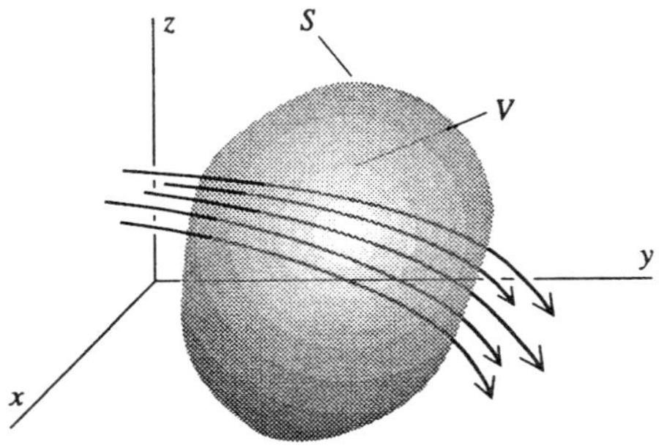

그림 II-29

임의점 (x, y, z)에서 임의 시간 t에 이것의 밀도를 $\rho(x, y, z, t)$, 속도를 $\mathbf{v}(x, y, z, t)$라고 하자. 그리고 이것이 보존된다(conserved)고 하자. 즉 이것은 새로 생겨나지도, 없어지지도 않는다. 공간에 어떤 임의 부피 V가 있다. 이 부피 안에 있는 이것의 양의 변화율은 무엇인가? 임의 시간 t에 V 안에 있는 이것의 양은

$$\iiint_V \rho(x, y, z, t)\, dV$$

이다. 그리고 변화율은

$$\frac{d}{dt}\iiint_V \rho(x, y, z, t)\, dV = \iiint_V \frac{\partial\rho}{\partial t}\, dV$$

이다(미분이 이렇게 적분 기호 안으로 들어가려면 $\partial\rho/\partial t$가 연속이어야 한다).

이것이 면 S를 통과해서 흐르는 율은

$$\iint_S \rho\mathbf{v}\cdot\hat{\mathbf{n}}\, dS$$

인 것을 앞에서 배웠다. V에 있는 이것의 양의 변화율은 면 S를 통과하는 흐름율과 같다. 식으로 쓰면

$$\iiint_V \frac{\partial\rho}{\partial t}\, dV = -\iint_S \rho\mathbf{v}\cdot\hat{\mathbf{n}}\, dS$$

이다. 이 식에 대해 두 가지를 논한다.

1. 음의 부호가 있어야 한다. 이 식의 면적분은 부피 밖으로 순 흐름이 있을 때 양수이다. 밖으로 나가는 순 흐름은 부피에서 이것의 양이 줄어드는 것을 의미하기 때문이다.
2. V에 있는 이것의 양은 경계면 S를 통과해서 이것이 흐를 때만 변할 수 있다. 만약 V에서 이것이 생기거나 없어진다면 그 사실을 반영하는 항이 식에 포함되어야 한다. 그러한 항이 없으므로 이것은 보존된다.

이제 발산 정리를 적용한다.

$$\iint_S \rho\mathbf{v} \cdot \hat{\mathbf{n}}\, dS = \iiint_V \nabla \cdot (\rho\mathbf{v})\, dV$$

따라서

$$\iiint_V \frac{\partial \rho}{\partial t}\, dV = -\iiint_V \nabla \cdot (\rho\mathbf{v})\, dV$$

이다. 앞에서와 같이 V가 임의 부피이므로 다음 식이 성립한다.

$$\frac{\partial \rho}{\partial t} = -\nabla \cdot (\rho\mathbf{v}) \qquad \text{(II-33)}$$

흐름 밀도(current density) $\mathbf{J} = \rho\mathbf{v}$를 정의한다. 식(II-33)은

$$\frac{\partial \rho}{\partial t} + \nabla \cdot \mathbf{J} = 0$$

이 된다. 이러한 식을 연속식(continuity equation)이라고 하며 보존 법칙을 나타낸다(문제 III-20, III-21, IV-12). 이 식은 전자기학에서 중요한 역할을 하며 유체역학과 확산론에서 기초적인 식이다. 연속식을 유도한 것과 비슷한 논리가 열 흐름의 해석에 쓰인다.

문제

II-1 다음 면에 수직인 단위 벡터 $\hat{\mathbf{n}}$을 구하시오.

(a) $z = 2 - x - y$. (c) $z = (1 - x^2)^{1/2}$.
(b) $z = (x^2 + y^2)^{1/2}$. (d) $z = x^2 + y^2$.
(e) $z = (1 - x^2/a^2 - y^2/a^2)^{1/2}$.

II-2 (a) 평면 $ax+by+cz=d$ 에 수직인 단위 벡터가

$$\hat{\mathbf{n}} = \pm(\mathbf{i}a + \mathbf{j}b + \mathbf{k}c)/(a^2 + b^2 + c^2)^{1/2}$$

인 것을 보이시오.

(b) 위의 $\hat{\mathbf{n}}$이 상수 d에 무관한 것을 기하적으로 설명하시오.

II-3 $y=g(x, z)$와 $x=h(y, z)$로 주어지는 두 면에서 단위 수직 벡터에 관한 식들을 유도하시오. 각각을 이용해서 문제 II-2의 평면에 수직인 단위 벡터를 다시 유도하시오.

II-4 다음 각 경우에 식(II-12)를 써서 면적분 $\iint_S G(x, y, z)\, dS$를 계산하시오.

(a) $G(x, y, z)=z$, S는 평면 $x+y+z=1$에서 좌표축의 첫 $\frac{1}{8}$공간이다(즉 $x, y, z > 0$).

(b) $G(x, y, z)=\dfrac{1}{1+4(x^2+y^2)}$, S는 포물면 $z=x^2+y^2$에서 $z=0$ 과 $z=1$ 사이의 면이다.

(c) $G(x, y, z)=(1-x^2-y^2)^{3/2}$, S는 반구면 $z=(1-x^2-y^2)^{1/2}$이다.

II-5 다음 각 경우에 식(II-13)을 써서 면적분 $\iint_S \mathbf{F}\cdot\hat{\mathbf{n}}dS$를 계산하시오.

(a) $\mathbf{F}(x, y, z)=\mathbf{i}x-\mathbf{k}z$, S는 평면 $x+y+2z=2$에서 좌표축의 첫 1/8 공간이다.

(b) $\mathbf{F}(x, y, z)=\mathbf{i}x+\mathbf{j}y+\mathbf{k}z$, S는 반구면 $z=\sqrt{a^2-x^2-y^2}$이다.

(c) $\mathbf{F}(x, y, z)=\mathbf{j}y+\mathbf{k}$, S는 포물면 $z=1-x^2-y^2$에서 xy 평면 위의 부분이다.

II-6 반구 껍질(shell) $z=(R^2-x^2-y^2)^{1/2}$에서 질량 분포가

$$\sigma(x, y, z) = (\sigma_0/R^2)(x^2 + y^2)$$

이다. 여기서 σ_0는 상수이다. 껍질의 전체 질량을 σ_0와 R의 항으로 구하시오.

II-7 문제 II-6의 반구 껍질에서 z축에 대한 관성 모멘트를 구하시오.

II-8 정전기장이 다음과 같다. λ는 상수이다.

$$\mathbf{E} = \lambda(\mathbf{i}yz + \mathbf{j}xz + \mathbf{k}xy)$$

가우스의 법칙을 써서 그림의 반구 면 S_1과 xy 평면의 원형 밑면 S_2로 이루어진 부피에 포함된 전체 전하를 구하시오. 반구면의 식은

$$z = (R^2 - x^2 - y^2)^{1/2}$$

이다.

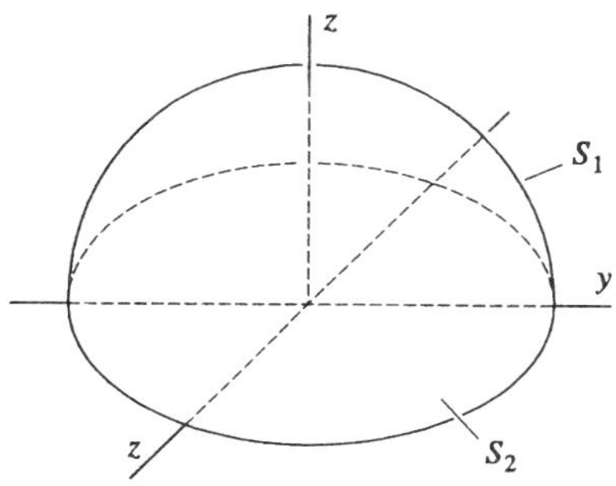

II-9 정전기장이 $\mathbf{E} = \lambda(\mathbf{i}x + \mathbf{j}y)$로 주어진다. λ는 상수이다. 가우스의 법칙을 써서 그림의 부피에 포함된 전체 전하를 구하시오. S_1은 반원기둥의 곡면으로서 식은 $z = (r^2 - y^2)^{1/2}$이다. S_2, S_3는 반원형의 뚜껑 부분, S_4는 xy 평면의 직사각형 부분이다. 결과를 λ, r, h의 항으로 나타내시오.

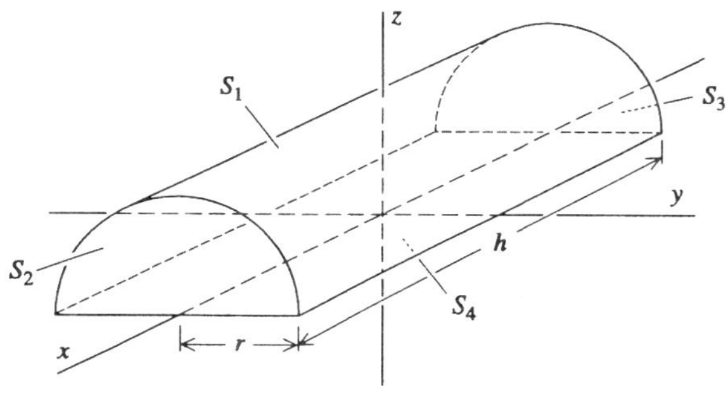

II-10 면적분이 책에 있는 것처럼 복잡한 것만은 아니다. 다음 각 경우에 $\iint_S \mathbf{F} \cdot \hat{\mathbf{n}}\, dS$를 계산하시오. 조금만 생각하면 간단히 풀린다.

(a) $\mathbf{F} = \mathbf{i}x + \mathbf{j}y + \mathbf{k}z$

S는 한 변의 길이가 b인 정사각형 3개로 이루어지는 면이다.

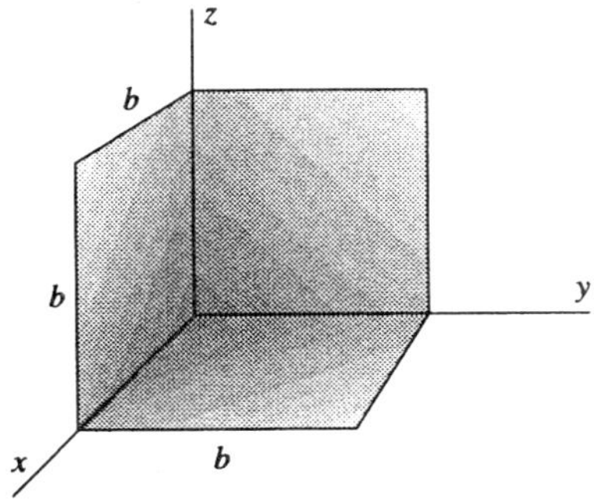

(b) $\mathbf{F}=(\mathbf{i}x+\mathbf{j}y)\ln(x^2+y^2)$

S는 반경이 R, 높이가 h인 원기둥의 면으로서 윗면과 밑면을 포함한다.

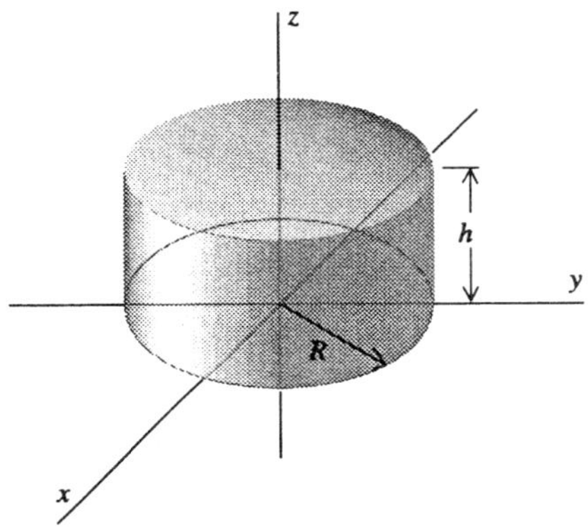

(c) $\mathbf{F}=(\mathbf{i}x+\mathbf{j}y+\mathbf{k}z)e^{-(x^2+y^2+z^2)}$

S는 원점에 중심을 둔 반경이 R인 구의 표면이다.

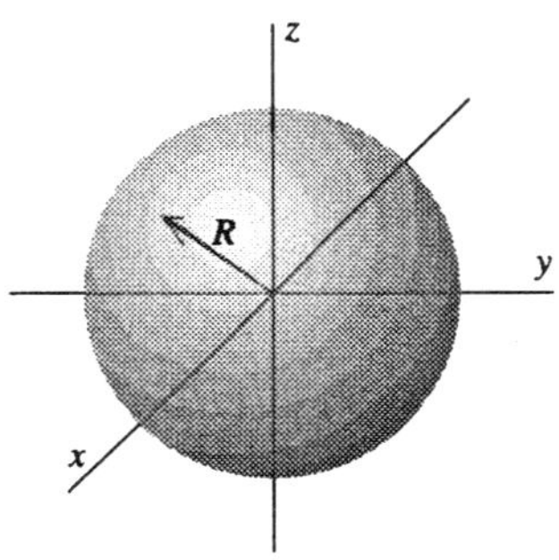

(d) $\mathbf{F}=\mathbf{i}E(x)$, 여기서 $E(x)$는 x의 임의 스칼라 함수이다. S는 한 변의 길이가 b인 정육면체의 표면이다.

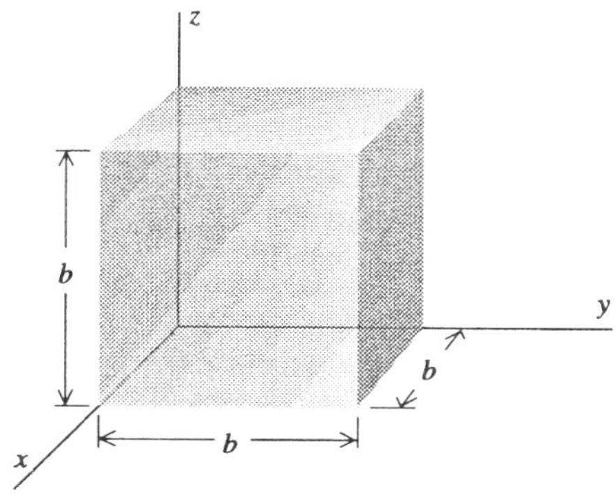

II-11 (a) 가우스의 법칙과 대칭성을 이용해서 전하가 균일하게 분포된 무한 평면에 의한 전기장을 위치의 함수로 구하시오. 전하는 yz 평면에 있으며 단위 면적 당 전하를 σ라고 한다.

(b) yz 평면에 평행인 무한 평판의 전하 밀도가 다음 식으로 주어질 때 (a)를 반복하시오.

$$\rho(x) = \begin{cases} \rho_0, & -b < x < b \\ 0, & |x| \geq b, \end{cases}$$

여기서 ρ_0와 b는 상수이다.

(c) $\rho(x) = \rho_0 e^{-|x/b|}$일 때 (b)를 반복하시오.

II-12 (a) 가우스의 법칙과 대칭성을 이용해서 전하가 균일하게 분포된 무한히 긴 선에 의한 전기장을 위치의 함수로 구하시오. 전하는 z축을 따라서 분포하며 단위 길이 당 전하를 λ라고 한다.

(b) 축이 z축과 일치하는 무한히 긴 원기둥에 대해 (a)를 반복하시오. 전하 밀도는 원통 좌표로 다음과 같다.

$$\rho(r) = \begin{cases} \rho_0, & r < b \\ 0, & r \geq b \end{cases}$$

여기서 ρ_0와 b는 상수이다.

(c) $\rho(r) = \rho_0 e^{-r/b}$일 때 (b)를 반복하시오.

II-13 (a) 가우스의 법칙과 대칭성을 이용해서 구 대칭의 전하 분포에 의한 전기장을 위치의 함수로 구하시오. 전하 밀도는 구면 좌표로 다음과 같다.

$$\rho(r) = \begin{cases} \rho_0, & r < b \\ 0, & r \geq b \end{cases}$$

여기서 ρ_0와 b는 상수이다.

(b) $\rho(r)=\rho_0 e^{-r/b}$일 때 (a)를 반복하시오.

(c) $$\rho(r) = \begin{cases} \rho_0, & r < b, \\ \rho_1, & b \le r < 2b, \\ 0, & r \ge 2b. \end{cases}$$

일 때 (a)를 반복하시오. $r > 2b$일 때 장이 0이려면 ρ_0와 ρ_1은 어떻게 연관되는가? 이 경우 이런 분포에서 전체 전하의 값은?

II-14 다음 함수의 발산을 식(II-22)를 써서 계산하시오.

(a) $\mathbf{i}x^2 + \mathbf{j}y^2 + \mathbf{k}z^2$.
(b) $\mathbf{i}yz + \mathbf{j}xz + \mathbf{k}xy$.
(c) $\mathbf{i}e^{-x} + \mathbf{j}e^{-y} + \mathbf{k}e^{-z}$.
(d) $\mathbf{i} - 3\mathbf{j} + \mathbf{k}z^2$.
(e) $(-\mathbf{i}xy + \mathbf{j}x^2)/(x^2 + y^2)$, $\quad (x, y) \neq (0, 0)$.
(f) $\mathbf{k}\sqrt{x^2 + y^2}$.
(g) $\mathbf{i}x + \mathbf{j}y + \mathbf{k}z$.
(h) $(-\mathbf{i}y + \mathbf{j}x)/\sqrt{x^2 + y^2}$, $\quad (x, y) \neq (0, 0)$.

II-15 (a) 문제 II-14(a)의 함수를 써서 $\iint_s \mathbf{F} \cdot \hat{\mathbf{n}}\, dS$를 계산하시오. 적분면은 중심이 (x_0, y_0, z_0)이고 한 변의 길이가 s인 정육면체의 표면으로서 각 면은 좌표 평면에 평행하다.

(b) 위 결과를 정육면체의 부피로 나누고 $s \to 0$일 때 이 비의 극한을 계산하시오. 이것을 문제 II-14(a)에서 구한 발산과 비교하시오.

(c) 문제 II-14(b)와 (c)의 함수에 대해서 (a)와 (b)를 반복하시오.

II-16 (a) 다음 함수의 발산을 계산하고 점 $(c, c, -c/2)$에서 발산이 0임을 보이시오.

$$\mathbf{F}(x, y, z) = \mathbf{i}f(x) + \mathbf{j}f(y) + \mathbf{k}f(-2z)$$

(b) 다음 함수의 발산을 계산하시오.

$$\mathbf{G}(x, y, z) = \mathbf{i}f(y, z) + \mathbf{j}g(x, z) + \mathbf{k}h(x, y)$$

II-17 본문에서 작은 직육면체의 면에 대해 적분을 하여 다음 결과를 얻었다.

$$\nabla \cdot \mathbf{F} = \frac{\partial F_x}{\partial x} + \frac{\partial F_y}{\partial y} + \frac{\partial F_z}{\partial z}$$

이것은 면의 모양에 무관하게 성립한다. 그 예로서 그림과 같은 쐐기 모양의 면에서 적분을 하여 이 결과를 다시 유도하시오.

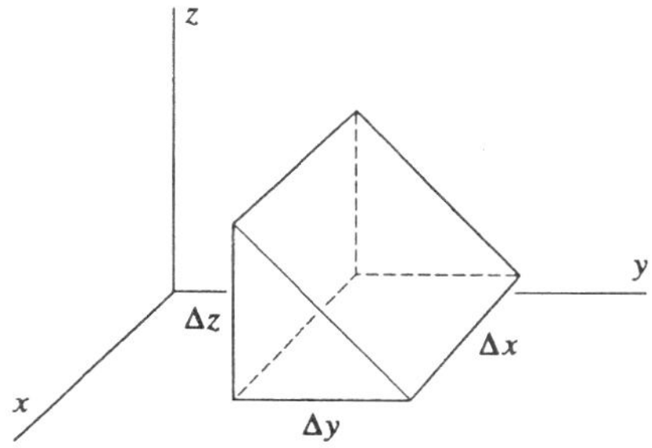

II-18 (a) **i**, **j**, **k**는 직각 좌표계의 단위 벡터이고 $\hat{\mathbf{e}}_r$, $\hat{\mathbf{e}}_\theta$, $\hat{\mathbf{e}}_z$는 원통 좌표계의 단위 벡터이다. 다음을 증명하시오.

$$\mathbf{i} = \hat{\mathbf{e}}_r \cos\theta - \hat{\mathbf{e}}_\theta \sin\theta$$
$$\mathbf{j} = \hat{\mathbf{e}}_r \sin\theta + \hat{\mathbf{e}}_\theta \cos\theta$$
$$\mathbf{k} = \hat{\mathbf{e}}_z.$$

(b) 문제 II-14(e)의 함수를 원통 좌표계로 나타내고 식(II-24)를 써서 발산을 계산하시오. 이 결과를 직각 좌표계로 바꾸고 문제 II-14(e)의 답과 비교하시오.

(c) 문제 II-14(f)의 함수에 대해 (b)를 반복하시오.

II-19 (a) **i**, **j**, **k**는 직각 좌표계의 단위 벡터이고 $\hat{\mathbf{e}}_r$, $\hat{\mathbf{e}}_\theta$, $\hat{\mathbf{e}}_\phi$는 구면 좌표계의 단위 벡터이다. 다음을 증명하시오.

$$\mathbf{i} = \hat{\mathbf{e}}_r \sin\phi\cos\theta + \hat{\mathbf{e}}_\phi \cos\phi\cos\theta - \hat{\mathbf{e}}_\theta \sin\theta$$
$$\mathbf{j} = \hat{\mathbf{e}}_r \sin\phi\sin\theta + \hat{\mathbf{e}}_\phi \cos\phi\sin\theta + \hat{\mathbf{e}}_\theta \cos\theta$$
$$\mathbf{k} = \hat{\mathbf{e}}_r \cos\phi - \hat{\mathbf{e}}_\phi \sin\phi$$

[*힌트* : $\hat{\mathbf{e}}_r$, $\hat{\mathbf{e}}_\theta$, $\hat{\mathbf{e}}_\phi$를 먼저 **i**, **j**, **k**의 항으로 나타내고 이것을 풀어서 **i**, **j**, **k**를 구하는 편이 더 쉽다. $\hat{\mathbf{e}}_r = \mathbf{r}/r = (\mathbf{i}x + \mathbf{j}y + \mathbf{k}z)/r$을 이용한다. 다음에 구면 좌표의 그림에서 $\hat{\mathbf{e}}_\theta = -\mathbf{i}\sin\theta + \mathbf{j}\cos\theta$임을 보인다. 끝으로 $\hat{\mathbf{e}}_\phi = \hat{\mathbf{e}}_\theta \times \hat{\mathbf{e}}_r$을 계산한다.]

(b) 문제 II-14(g)의 함수를 구면 좌표계로 나타내고 식(II-25)를 이용해서 발산을 계산하시오. 이 결과를 직각 좌표계로 바꾸어서 문제 II-14(g)의 답과 비교하시오.

(c) 문제 II-14(h)의 함수에 대해 (b)를 반복하시오.

II-20 원통 좌표계에서 **F**의 발산은 다음과 같다. 본문에서는 이 표현의 첫째 항을 유도하였다. 마찬가지로 하여 나머지 두 항을 유도하시오.

$$\nabla \cdot \mathbf{F} = \frac{1}{r}\frac{\partial}{\partial r}(rF_r) + \frac{1}{r}\frac{\partial F_\theta}{\partial \theta} + \frac{\partial F_z}{\partial z}$$

II-21 구면 좌표계에서 발산에 관한 표현을 얻기 위해 문제 II-20을 반복한다. 그림에 나온 '직육면체' 의 표면에서 면적분을 하여 다음을 유도하시오.

$$\nabla \cdot \mathbf{F} = \frac{1}{r^2}\frac{\partial}{\partial r}(r^2F_r) + \frac{1}{r \sin \phi}\frac{\partial}{\partial \phi}(\sin \phi \, F_\phi) + \frac{1}{r \sin \phi}\frac{\partial F_\theta}{\partial \theta}$$

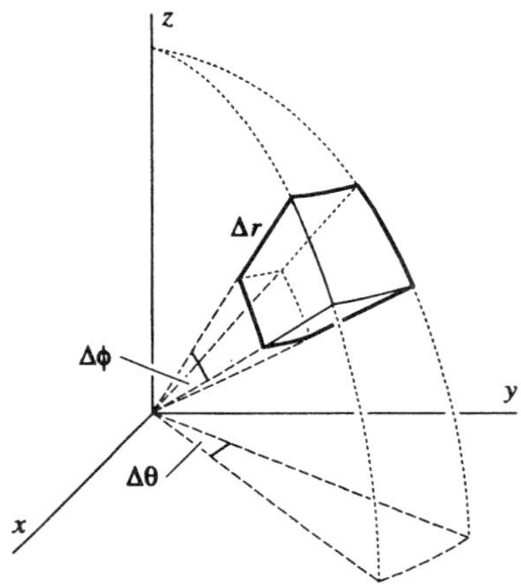

II-22 다음과 같은 벡터 함수가 있다.

$$\mathbf{F}(r) = \hat{\mathbf{e}}_r f(r)$$

여기서 $\hat{\mathbf{e}}_r = (\mathbf{i}x + \mathbf{j}y + \mathbf{k}z)/r$은 반경 방향의 단위 벡터이고 $r = (x^2 + y^2 + z^2)^{1/2}$, $f(r)$은 미분 가능한 스칼라 함수이다. 문제 II-21의 결과를 이용해서 $\nabla \cdot \mathbf{F} = 0$이 되는 $f(r)$을 구하시오. 발산이 0인 벡터 함수를 solenoidal이라고 한다.

II-23 다음의 각 경우에 발산 정리

$$\iint_S \mathbf{F} \cdot \hat{\mathbf{n}} \, dS = \iiint_V \nabla \cdot \mathbf{F} \, dV$$

가 성립함을 보이시오.

(a) $\mathbf{F} = \mathbf{i}x + \mathbf{j}y + \mathbf{k}z$

S는 한 변의 길이가 b인 정육면체의 표면이다.

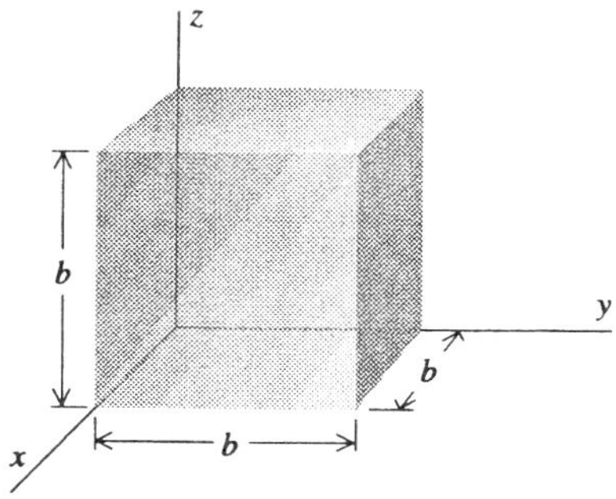

(b) $\mathbf{F}=\hat{\mathbf{e}}_r r+\hat{\mathbf{e}}_z z$,

$\mathbf{r}=\mathbf{i}x+\mathbf{j}y$.

S는 반경이 R, 높이가 h인 $\frac{1}{4}$ 원기둥의 표면이다.

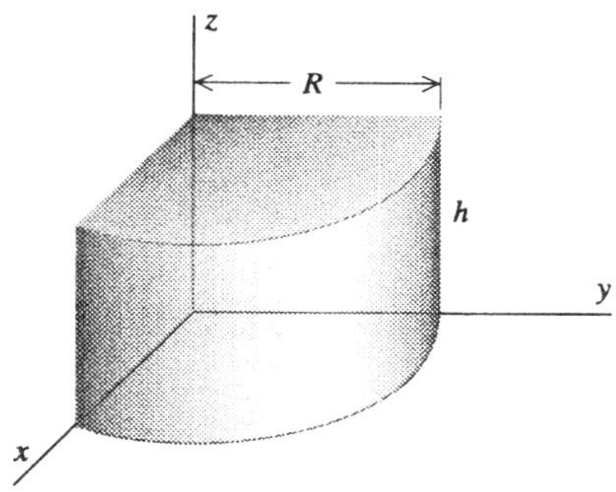

(c) $\mathbf{F}=\hat{\mathbf{e}}_r r^2$,

$\mathbf{r}=\mathbf{i}x+\mathbf{j}y+\mathbf{k}z$.

S는 원점에 중심이 있고 반경이 R인 구의 표면이다.

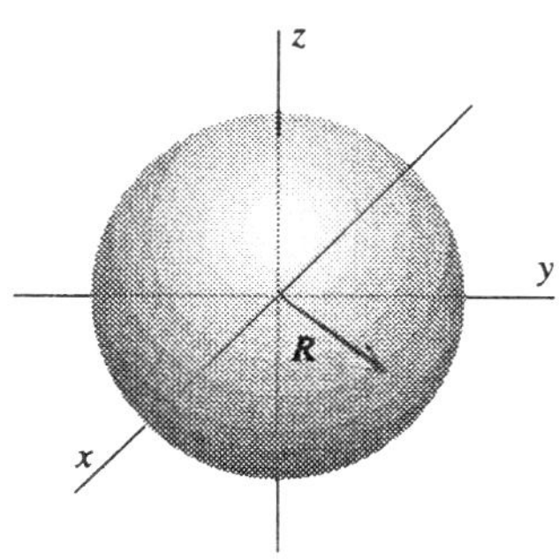

II-24 (a) $\mathbf{B}$는 자기장이다. $\nabla\cdot\mathbf{B}=0$은 맥스웰 식 중 하나이다. S가 임의의 닫힌 면일 때

$$\iint_S \hat{\mathbf{n}} \cdot \mathbf{B}\, dS = 0$$

임을 보이시오.

(b) 직원뿔(반경 R, 높이 h)의 곡면을 통과하는 일정한 자기장 **B**의 플럭스를 구하시오. **B**는 원뿔의 밑면에 수직이다(일정한 장은 어디에서나 그 크기와 방향이 같다).

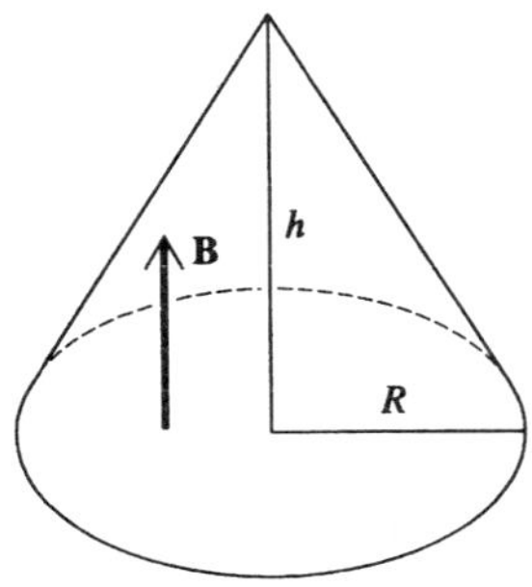

II-25 발산 정리를 써서 다음을 보이시오.

$$\iint_S \hat{\mathbf{n}}\, dS = 0$$

여기서 S는 닫힌 면이고 $\hat{\mathbf{n}}$은 면 S에 수직인 단위 벡터이다.

II-26 (a) 발산 정리를 써서 다음을 보이시오.

$$\frac{1}{3}\iint_S \hat{\mathbf{n}} \cdot \mathbf{r}\, dS = V$$

여기서 S는 부피 V를 둘러싸는 닫힌 면이다. $\hat{\mathbf{n}}$은 면 S에 수직인 단위 벡터이고 $\mathbf{r}=\mathbf{i}x+\mathbf{j}y+\mathbf{k}z$이다.

(b) (a)를 써서 다음 부피를 구하시오.

(i) 각 변의 길이가 a, b, c인 직육면체

(ii) 높이가 h, 밑면의 반경이 R인 직원뿔

[힌트 : 원뿔이 그림과 같을 때 계산이 간단해진다.]

(iii) 반경이 R인 구

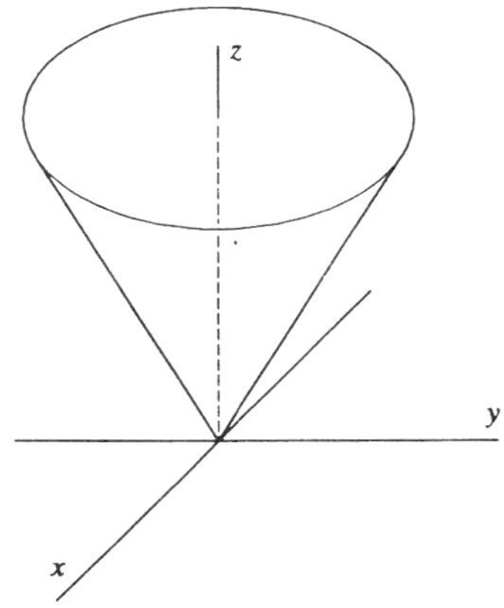

II-27 (a) 닫힌 면 S_1과 S_2의 위와 그 사이의 부피 V의 모든 점에서 $\nabla \cdot \mathbf{F}=0$인 벡터 함수를 고려하자 (그림 참조). S_1을 지나는 **F**의 플럭스는 S_2를 지나는 **F**의 플럭스와 같음을 보이시오. 플럭스를 계산할 때 그림의 화살표 방향이 면에 수직인 방향이다.

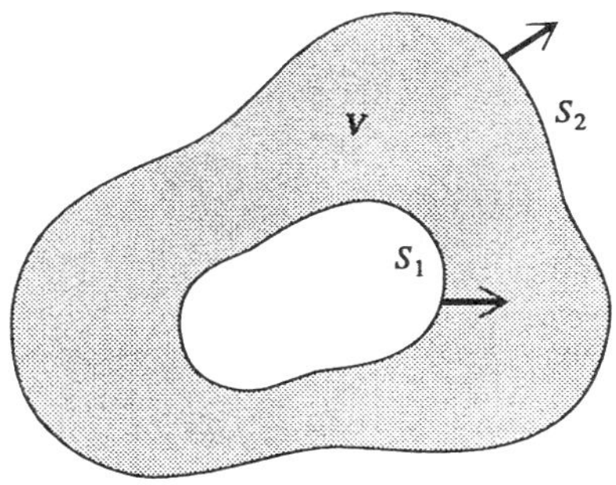

(b) $r=0$에 위치한 점전하 q의 정전기장은 다음과 같다.

$$\mathbf{E} = \frac{1}{4\pi\epsilon_0}\frac{q}{r^2}\hat{\mathbf{e}}_r$$

여기서 $r^2=x^2+y^2+z^2$이다. 직접 계산을 해서 다음을 보이시오.

$$\nabla \cdot \mathbf{E}=0 \text{ (모든 } r\neq 0\text{에서)}$$

(c) 한 점전하의 전기장에 대해서 가우스의 법칙이 성립함을 증명하시오. [힌트 : 원점에 중심을 둔 구에서 **E**의 플럭스를 계산한다.]

(d) 임의의 전하 분포에 대해서 이 증명을 확장하시오.

II-28 (a) 다음 경우에 발산 정리가 성립하지 않음을 직접 계산을 해서 보이시오.

$$\mathbf{F}(r, \theta, \phi) = \frac{\hat{\mathbf{e}}_r}{r^2}$$

S는 원점에 중심을 둔 반경 R인 구의 표면이고 V는 구면 안의 부피이다. 정리가 성립하지 않는 이유는 무엇인가?

(b) (a)의 함수 $\mathbf{F}$에서 면 S가 다음과 같이 주어질 때는 발산 정리가 성립함을 직접 계산을 해서 보이시오. S는 원점에 중심을 둔 반경 R_1인 구의 표면 S_1과 반경 R_2인 구의 표면 S_2로 이루어진다. V는 S_1과 S_2사이의 부피이다.

(c) (a)의 함수에 대해서 발산 정리가 성립하기 위해서는 일반적으로 면 S에 어떤 제한이 있어야 하는가?

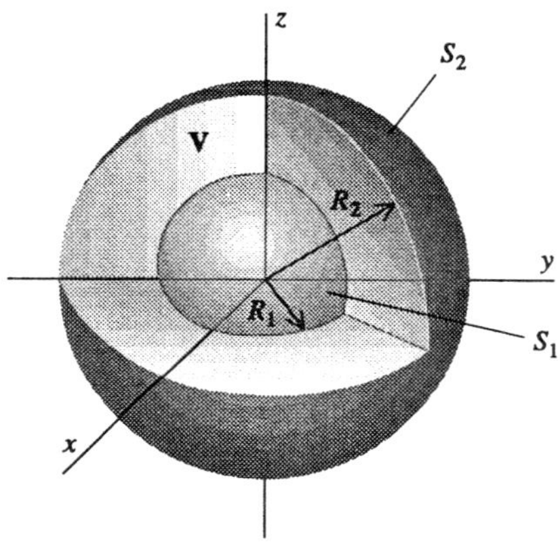

C·H·A·P·T·E·R

03 선적분과 회전

일과 선적분

앞에서 가우스 법칙의 미분형, 식(II-18)과 (II-23)이 한 점에서 전기장의 성질(발산)과 그 점에서 알려진 양(전하 밀도)을 연관시키지만 **E**를 구하기에는 역부족이라 하였다. 그 이유는 $\nabla \cdot \mathbf{E} = \rho/\epsilon_0$가 세 개의 미지수 ($E_x$, E_y, E_z)를 갖는 하나의 미분식이기 때문이다. 그러나 아직 다루지는 않았지만 **E**의 성분들을 서로 연관시키는 정전기장의 특성이 있으며 이것이 장을 계산하는데 필요할 것이다. 이 과정에서 벡터 미적분학의 중요한 주제를 접하게 된다.

이제 논의할 정전기장의 특성은 일과 에너지의 개념과 관계가 있다. 일의 기본 정의는 힘 곱하기 거리이다. 1차원에서 어떤 힘 $F(x)$가 $x=a$에서 $x=b$까지 작용하면 힘이 한 일은 정의에 의해서

$$\int_a^b F(x)\, dx$$

이다. 더 일반적인 경우를 다루기 위해 선적분(line integral)의 개념을 도입한다.

3차원에 어떤 곡선 C가 있다(그림 III-1).

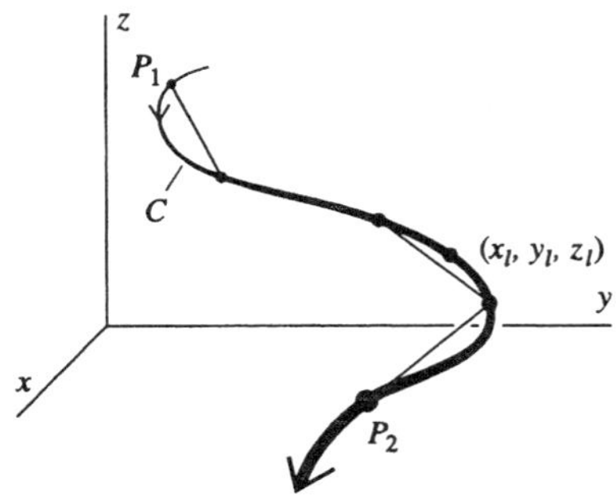

그림 III-1

곡선은 방향을 갖는데 이것의 의미는 곡선에 화살표를 그려서 양의 방향이라고 하는 것이다. 곡선 상의 임의점을 기점으로 정하고 곡선을 따라가며 길이 s를 잰다. 점 P_1에서 $s=s_1$, 점 P_2에서 $s=s_2$이다. 그리고 함수 $f(x, y, z)$가 곡선 C에서 정의된다. 곡선 C의 P_1과 P_2사이를 임의의 N 구간으로 나눈다. 그림 III-1은 $N=4$인 경우이다. 다음에 연속인 점을 현으로 잇는다. l번째 현의 길이는 Δs_l이다. 곡선의 l번째 구간 위의 임의점 (x_l, y_l, z_l)에서 $f(x, y, z)$를 구해서 곱 $f(x_l, y_l, z_l)\ \Delta s_l$을 만든다. C의 N 구간에서 모두 이와 같이 하여 다음 합을 얻는다.

$$\sum_{l=1}^{N} f(x_l, y_l, z_l)\ \Delta s_l$$

곡선 C에서 $f(x, y, z)$의 선적분은 구간의 수 N이 무한대가 되고 각 현의 길이가 0으로 갈 때 이 합의 극한으로 정의된다.

$$\int_C f(x, y, z)\ ds = \lim_{\substack{N\to\infty \\ \text{each } \Delta s_l \to 0}} \sum_{l=1}^{N} f(x_l, y_l, z_l)\ \Delta s_l$$

선적분을 구하려면 경로 C를 알아야 한다. 경로를 나타내는 가장 좋은 방법은 곡선을 따라서 잰 길이 s를 매개변수로 쓰는 것이다.

즉 $x=x(s)$, $y=y(s)$, $z=z(s)$로 나타낸다. 이 경우 선적분은 보통의 정적분이 된다.

$$\int_C f(x, y, z)\ ds = \int_{s_1}^{s_2} f[x(s), y(s), z(s)]\ ds$$

선적분의 예를 들자. 간단하게 2차원에서 다음을 계산한다.

$$\int_C (x + y)\, ds$$

여기서 C는 원점에서 점 (1, 1)까지의 직선이다(그림 III-2).

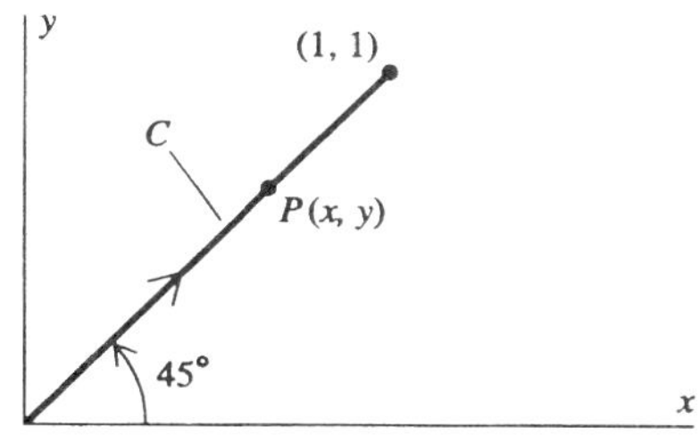

그림 III-2

(x, y)가 C 상의 임의점 P의 좌표이고 s는 원점에서 P까지의 길이라고 하면 $x=s/\sqrt{2}$, $y=s/\sqrt{2}$이다. 따라서 $x+y=2s/\sqrt{2}=\sqrt{2}s$이고

$$\int_C (x + y)\, ds = \sqrt{2}\int_0^{\sqrt{2}} s\, ds = \sqrt{2}$$

이다.

같은 함수 $(x+y)$를 (0, 0)에서 (1, 1)까지 그림 III-3처럼 다른 경로를 따라서 적분을 하자. 적분을 C_1과 C_2의 두 부분으로 나누어서 한다.

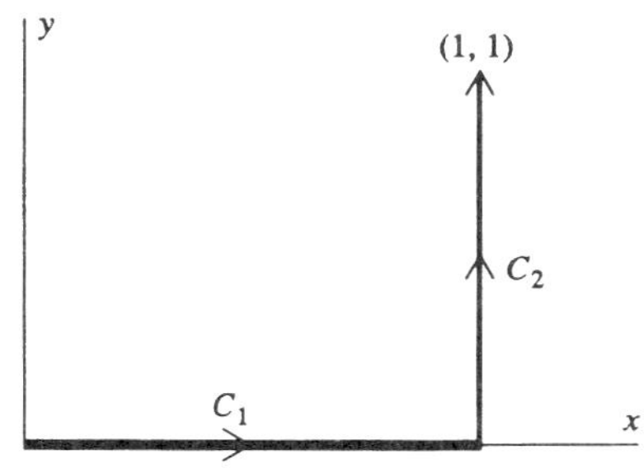

그림 III-3

C_1에서 $x=s$, $y=0$이다. 즉 C_1에서 $x+y=s$이고

$$\int_{C_1} (x + y)\, ds = \int_0^1 s\, ds = \tfrac{1}{2}$$

이다. C_2에서 $x=1$, $y=s$이다[이 부분에서는 점 (1, 0)을 기점으로 곡선의 길이를 잰다]. 그러면

$$\int_{C_2} (x + y)\, ds = \int_0^1 (1 + s)\, ds = \tfrac{3}{2}$$

이고 두 부분의 결과를 더하여

$$\int_C (x + y)\, ds = \int_{C_1} (x + y)\, ds + \int_{C_2} (x + y)\, ds = \tfrac{1}{2} + \tfrac{3}{2} = 2$$

를 얻는다. 다음을 알게 되었다. 선적분의 값은 적분 경로에 따라 다를 수 있다(대개 다르다).

벡터 함수의 선적분

앞에서 일의 개념과 함께 선적분을 논하였다. 일은 힘 곱하기 변위인데 힘과 변위는 모두 벡터이므로 일에 관해 일반화시킬 필요가 있다.

3차원에서 어떤 경로 C를 고려하자(그림 III-4).

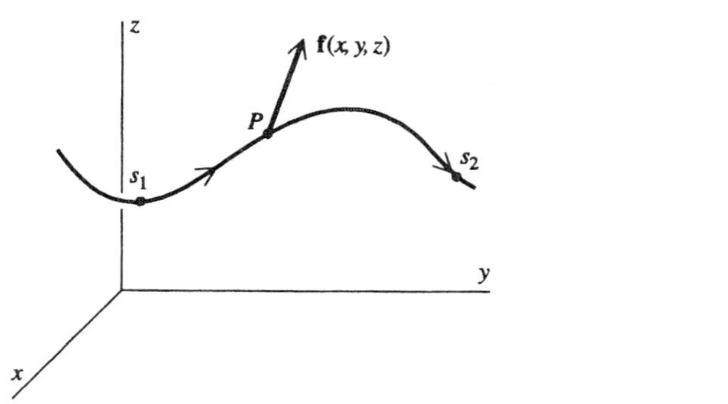

그림 III-4

어떤 물체가 힘을 받으면서 이 경로를 s_1에서 s_2까지 움직인다. 곡선 상의 임의점 P에서 물

체에 작용하는 힘을 $\mathbf{f}(x, y, z)$라고 하자. 일을 하는 $\mathbf{f}$의 성분은 정의에 의해서 곡선을 따라서 작용하는 힘, 즉 접선 성분 뿐이다. $\hat{\mathbf{t}}$가 P에서 곡선에 접선 방향인 단위 벡터라고 하자.[1)]

곡선 C를 따라서 s_1에서 s_2까지 물체를 옮기는데 드는 일은

$$W = \int_C \mathbf{f}(x, y, z) \cdot \hat{\mathbf{t}}\, ds$$

이다. 여기서 적분은 $s=s_1$에서 시작해서 $s=s_2$에서 끝난다. 이 적분에서 새로운 점은 피적분 함수가 두 벡터 함수의 내적이라는 것이다. 이런 선적분을 다루려면 $\hat{\mathbf{t}}$를 구해야 한다.

임의 곡선 C를 곡선을 따라 잰 길이로 나타낸다(그림 III-5).

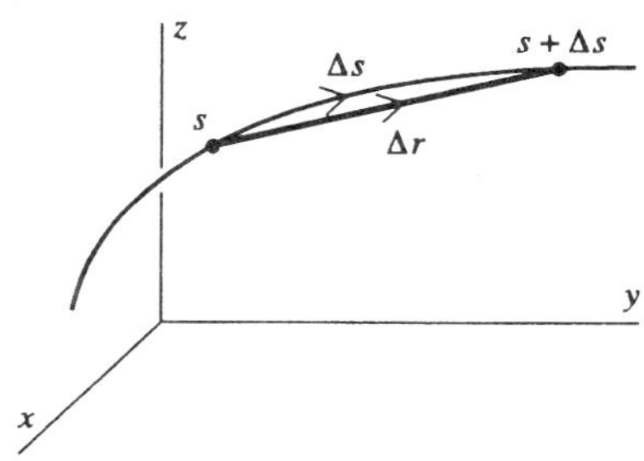

그림 III-5

곡선 상의 어떤 점 s에서 $x=x(s)$, $y=y(s)$, $z=z(s)$이다.

다른 점 $s+\Delta s$에서 $x+\Delta x=x(s+\Delta s)$, $y+\Delta y=y(s+\Delta s)$, $z+\Delta z=z(s+\Delta s)$이다. 곡선 상의 이 두 점을 잇는 벡터는 $\Delta\mathbf{r}\equiv\mathbf{i}\Delta x+\mathbf{j}\Delta y+\mathbf{k}\Delta z$이다.

$$\begin{aligned}\Delta x &= x(s + \Delta s) - x(s)\\ \Delta y &= y(s + \Delta s) - y(s)\\ \Delta z &= z(s + \Delta s) - z(s)\end{aligned}$$

이 벡터를 Δs로 나누면

$$\frac{\Delta\mathbf{r}}{\Delta s} = \mathbf{i}\frac{\Delta x}{\Delta s} + \mathbf{j}\frac{\Delta y}{\Delta s} + \mathbf{k}\frac{\Delta z}{\Delta s}$$

1) $\hat{\mathbf{t}}$가 x, y, z의 함수이므로 실제로는 $\hat{\mathbf{t}}(x, y, z)$라고 써야 한다. 표기가 복잡하지 않도록 단순히 $\hat{\mathbf{t}}$로 쓴다.

가 된다. Δs가 0으로 가는 극한을 취하면

$$\mathbf{i}\frac{dx}{ds} + \mathbf{j}\frac{dy}{ds} + \mathbf{k}\frac{dz}{ds}$$

가 되는데 이것이 바로 $\hat{\mathbf{t}}$이다. Δs가 0으로 갈 때 벡터 $\Delta\mathbf{r}$은 s에서 곡선에 접하게 되고 그 크기은 $|\Delta\mathbf{r}|$은 Δs에 접근한다. 따라서 극한에서 $|\Delta\mathbf{r}|/\Delta s$는 1이 된다. 즉

$$\hat{\mathbf{t}}(s) = \mathbf{i}\frac{dx}{ds} + \mathbf{j}\frac{dy}{ds} + \mathbf{k}\frac{dz}{ds}$$

이다. 일 W를 나타내는 식에 이것을 대입하면

$$W = \int_C \mathbf{f}(x, y, z) \cdot \left[\mathbf{i}\frac{dx}{ds} + \mathbf{j}\frac{dy}{ds} + \mathbf{k}\frac{dz}{ds}\right] ds$$

$$= \int_C (f_x\, dx + f_y\, dy + f_z\, dz)$$

이다. 위 식은 형식적 표현이고 적분을 하려면 다음 예와 같이 ds가 있는 편이 더 낫다.

$$\mathbf{f}(x, y, z) = \mathbf{i}y - \mathbf{j}x$$

이고 경로는 그림 III-6(a)와 같다.

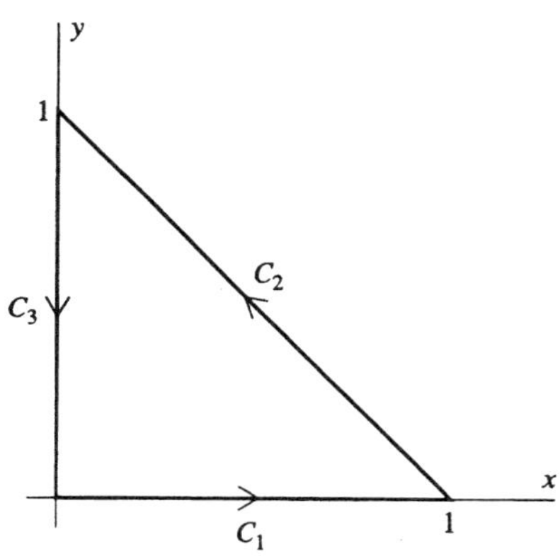

그림 III-6(a)

$\int_c (\mathbf{f} \cdot \hat{\mathbf{t}})\, ds$를 계산하기 위해 경로 C를 C_1, C_2, C_3의 세 부분으로 나눈다.

$f_z = 0$ 이므로

$$\int_C \mathbf{f} \cdot \hat{\mathbf{t}}\, ds = \int_C f_x\, dx + f_y\, dy$$

$$= \int_C y\, dx - x\, dy$$

이다. C_1에서 $y=0$, $dy=0$이고 적분은 0이다. 마찬가지로 C_3에서 $x=0$, $dx=0$이고 적분은 또 0이다. C의 적분에서는 오직 C_2만 기여한다. ds를 살리면

$$\int_C \left(y \frac{dx}{ds} - x \frac{dy}{ds} \right) ds$$

이다. 그런데 $(1-x)/s = \cos 45° = 1/\sqrt{2}$, $y/s = \sin 45° = 1/\sqrt{2}$이다[그림 III-6(b)].

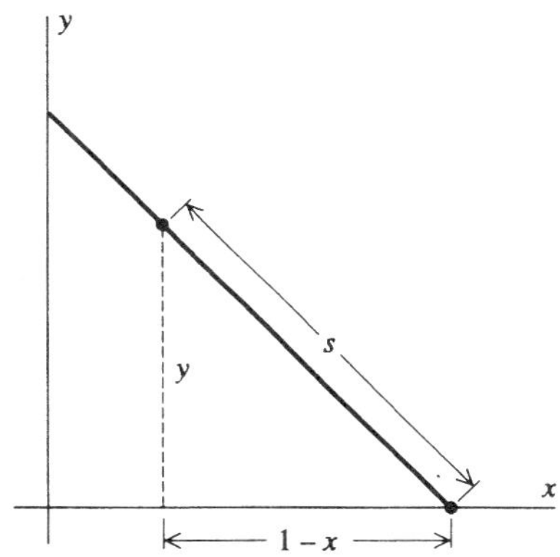

그림 III-6(b)

$$\left.\begin{array}{l} x = 1 - \dfrac{s}{\sqrt{2}} \Rightarrow \dfrac{dx}{ds} = -\dfrac{1}{\sqrt{2}} \\ y = \dfrac{s}{\sqrt{2}} \Rightarrow \dfrac{dy}{ds} = \dfrac{1}{\sqrt{2}} \end{array}\right\} \quad 0 \le s \le \sqrt{2}$$

이고 따라서 적분은

$$\int_0^{\sqrt{2}} \left[\frac{s}{\sqrt{2}}\left(-\frac{1}{\sqrt{2}}\right) - \left(1 - \frac{s}{\sqrt{2}}\right)\frac{1}{\sqrt{2}}\right] ds$$

$$= -\frac{1}{\sqrt{2}}\int_0^{\sqrt{2}} ds = -1$$

이다.

선적분의 두 번째 예로 다음 벡터 함수를 고려하자.

$$\mathbf{f}(x, y, z) = \mathbf{i}x^2 - \mathbf{j}xy$$

C는 그림 III-6(c)처럼 반경이 R인 원의 1/4이다.

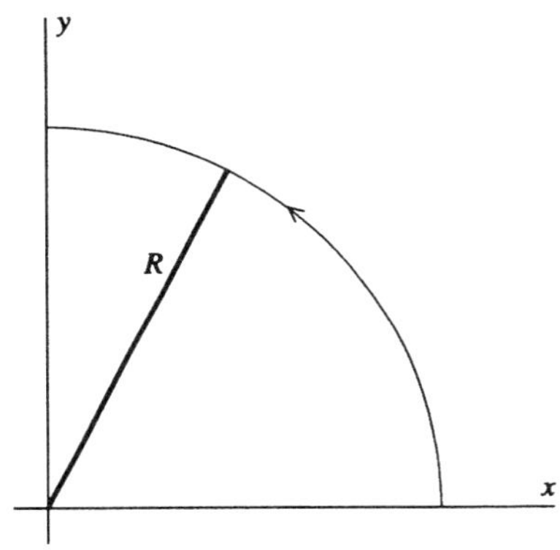

그림 III-6(c)

$$\int_C \mathbf{f}\cdot\hat{\mathbf{t}}\, ds = \int_C x^2\, dx - xy\, dy$$

$x=R\cos\theta$, $y=R\sin\theta$를 대입하면 이 적분은 다음과 같다.

$$\int_0^{\pi/2} [R^2\cos^2\theta(-R\sin\theta) - R^2\sin\theta\cos\theta(R\cos\theta)]\, d\theta$$

$$= -2R^3\int_0^{\pi/2} \cos^2\theta\ \sin\theta\, d\theta = -2R^3/3$$

경로 무관성

선적분에서 적분값은 보통 적분 경로에 의존한다. 그런데 어떤 조건 하에서는 놀랍게도 적분값이 경로에 무관(path independence)하다.

쿨롱 힘의 경우에 이러한 경로 무관성을 살펴보자. 전하 q_0가 원점에 고정되어 있고 다른 전하 q가 (x, y, z)에 있다(그림 III-7).

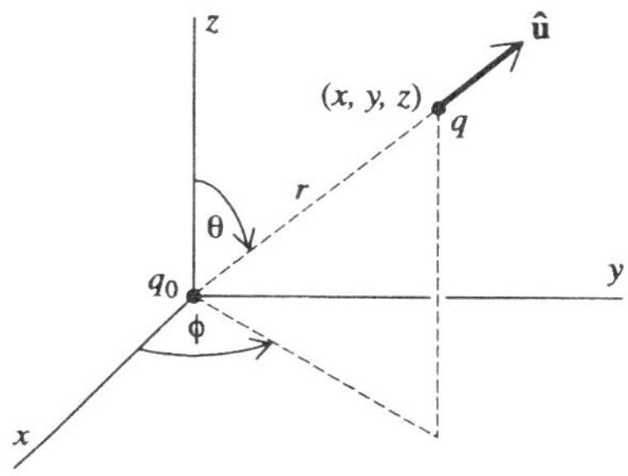

그림 III-7

q에 작용하는 쿨롱 힘은

$$\mathbf{F} = \frac{1}{4\pi\epsilon_0}\frac{qq_0}{r^2}\hat{\mathbf{u}} \qquad \text{(III-1)}$$

이다. 여기서 $r=(x^2+y^2+z^2)^{1/2}$은 두 전하 사이의 거리이고 $\hat{\mathbf{u}}$는 q_0에서 q로 향하는 단위 벡터로서 반경 방향과 같다. 반경 벡터 $\mathbf{r}$을 쓰면

$$\hat{\mathbf{u}}=\mathbf{r}/r=(\mathbf{i}x+\mathbf{j}y+\mathbf{k}z)/r$$

$$\mathbf{F} = \frac{qq_0}{4\pi\epsilon_0}\frac{\mathbf{i}x + \mathbf{j}y + \mathbf{k}z}{r^3}$$

이고

$$\mathbf{F}\cdot\hat{\mathbf{t}}\,ds = F_x\,dx + F_y\,dy + F_z\,dz = \frac{qq_0}{4\pi\epsilon_0}\frac{x\,dx + y\,dy + z\,dz}{r^3}$$

이다.

다음 관계식에서

$$r^2 = x^2 + y^2 + z^2$$

미분을 하고 2로 나누면

$$x\,dx + y\,dy + z\,dz = r\,dr$$

이다. 따라서

$$\mathbf{F} \cdot \hat{\mathbf{t}}\,ds = \frac{qq_0}{4\pi\epsilon_0}\frac{r\,dr}{r^3} = \frac{qq_0}{4\pi\epsilon_0}\frac{dr}{r^2}$$

이다.

전하 q가 원점에서 거리가 r_1인 점 P_1에서 원점에서 거리가 r_2인 점 P_2까지 경로 C를 따라서 움직인다(그림 III-8).

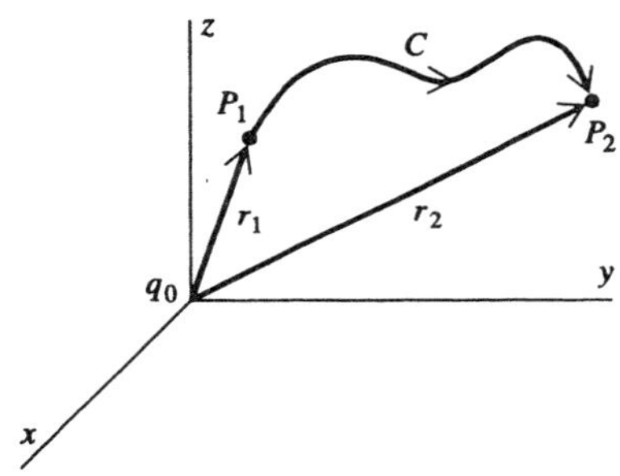

그림 III-8

이때

$$\int_C \mathbf{F} \cdot \hat{\mathbf{t}}\,ds = \frac{qq_0}{4\pi\epsilon_0}\int_{r_1}^{r_2}\frac{dr}{r^2} = \frac{qq_0}{4\pi\epsilon_0}\left(\frac{1}{r_1} - \frac{1}{r_2}\right)$$

이다. 이 결과는 특정한 C에 의존하지 않고 P_1과 P_2를 잇는 어떤 경로에서도 성립한다. 이것은 식(III-1)로 주어진 **F**의 선적분

$$\int_C \mathbf{F} \cdot \hat{\mathbf{t}}\,ds$$

가 경로에 무관하다는 것을 보여준다. 이 결과는 한 개의 전하 q_0가 q에 쿨롱 힘을 작용할 때

성립한다. 여러 개의 전하 $q_1, q_2, \cdots, q_N$이 있을 때 q에 작용하는 전체 힘은 $\mathbf{F}_1+\mathbf{F}_2+\cdots+\mathbf{F}_N$이다. 여기서 $\mathbf{F}_l$은 l번째 전하 q_l이 q에 작용하는 쿨롱 힘이다.

$$\int_C \mathbf{F}\cdot\hat{\mathbf{t}}\,ds = \int_C \mathbf{F}_1\cdot\hat{\mathbf{t}}\,ds + \cdots + \int_C \mathbf{F}_N\cdot\hat{\mathbf{t}}\,ds$$

에서 합의 각 항은 경로에 무관하다. 따라서 합도 경로에 무관하다. 물론 이것은 중첩 원리의 응용에 지나지 않는다. $\mathbf{F}=q\mathbf{E}$이고 $q\int_c \mathbf{E}\cdot\hat{\mathbf{t}}\,ds$가 경로에 무관하므로 $\int_c \mathbf{E}\cdot\hat{\mathbf{t}}\,ds$도 경로에 무관하다. 이를 이용해서 $\nabla\cdot\mathbf{E}=\rho/\epsilon_0$를 더 쓸모 있는 식으로 바꿀 수 있다.

앞의 논의에서 쿨롱 힘이 r의 제곱에 반비례하는 것은 선적분의 경로 무관성과 아무런 상관이 없다. 경로 무관성은 쿨롱 힘의 다음과 같은 두 특성에 달려있다.

(1) 힘이 두 입자 사이의 거리에만 의존한다.

(2) 두 입자를 잇는 선의 방향으로 힘이 작용한다.

이러한 두 특성을 갖는 힘 $\mathbf{F}$를 중심력(central force)이라 부르며 $\int_c \mathbf{F}\cdot\hat{\mathbf{t}}\,ds$는 경로에 무관하다.[2)]

만약

$$\int_C \mathbf{F}\cdot\hat{\mathbf{t}}\,ds$$

가 경로에 무관하면

$$\int_{C_1} \mathbf{F}\cdot\hat{\mathbf{t}}\,ds = \int_{C_2} \mathbf{F}\cdot\hat{\mathbf{t}}\,ds$$

이다. 여기서 C_1과 C_2는 두 점 P_1과 P_2를 잇는 임의의 경로이다(그림 III-9).

2) 중심력을 예로 들어 경로 무관성을 보였기 때문에 오직 중심력만이 경로에 무관한 선적분을 갖는다고 잘못 생각할 수도 있다. 중심력이 아닌 많은 함수들의 선적분이 경로에 무관하다. 다음에 이러한 함수를 구별하는 간단한 기준을 도입한다.

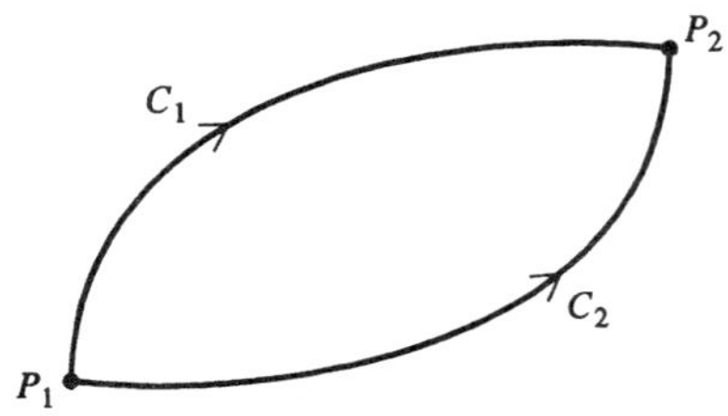

그림 III-9

P_1에서 P_2까지 C_1을 따르지 않고 거꾸로 적분을 하는 경우는 선적분에서 부호만 바꾸면 된다. 즉

$$\int_{-C_1} \mathbf{F} \cdot \hat{\mathbf{t}}\, ds = -\int_{C_1} \mathbf{F} \cdot \hat{\mathbf{t}}\, ds$$

이다. 여기서 '$-C_1$' 은 P_2에서 P_1까지 C_1을 따라 적분하는 것을 뜻한다.

$$\int_{C_2} \mathbf{F} \cdot \hat{\mathbf{t}}\, ds = -\int_{-C_1} \mathbf{F} \cdot \hat{\mathbf{t}}\, ds$$

이고

$$\int_{-C_1+C_2} \mathbf{F} \cdot \hat{\mathbf{t}}\, ds = 0$$

이다. '$-C_1+C_2$' 는 그림 III-10 처럼 P_1에서 P_2까지 갔다가 되돌아 오는 닫힌 경로이다.

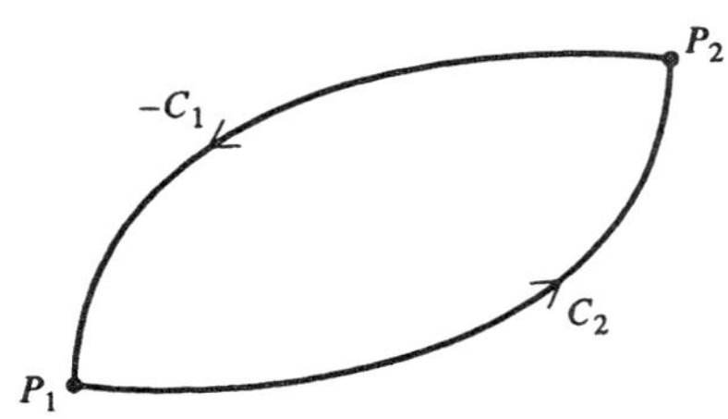

그림 III-10

즉 $\int \mathbf{F} \cdot \hat{\mathbf{t}}\, ds$가 경로에 무관하면

$$\oint \mathbf{F} \cdot \hat{\mathbf{t}}\, ds = 0$$

이다. 여기서 $\oint$는 닫힌 경로에 대해 선적분을 하는 것을 뜻한다. 정전기장 **E**에 대해서

$$\oint \mathbf{E} \cdot \hat{\mathbf{t}}\, ds = 0 \tag{III-2}$$

이다. 닫힌 곡선을 따라 벡터 함수의 접선 성분을 적분하는 것을 순환(circulation)이라고 한다. 앞에서 정전기장의 순환이 0인 것을 보였다. 이것을 순환 법칙이라 부른다.

▩▩▩ 회전

벡터 함수 $\mathbf{F}(x, y, z)$가 주어지고 '이것이 정전기장일 수 있는가?' 라고 묻는 경우에 이에 대한 답을 원리적으로는 할 수 있다. 단 하나의 경로라도

$$\oint \mathbf{F} \cdot \hat{\mathbf{t}}\, ds \neq 0$$

이면 **F**는 정전기장이 될 수 없다. 모든 닫힌 경로에서

$$\oint \mathbf{F} \cdot \hat{\mathbf{t}}\, ds = 0$$

이면 **F**는 정전기장일 수 있다(정전기장이어야만 하는 것은 아니다).

이러한 기준을 적용하기 어려운 것은 **F**의 순환이 모든 가능한 경로에서 0이 되는지 확인해야 하기 때문이다. 좀 더 쓸모있는 기준을 정하기 위해 앞서 다룬 가우스의 법칙을 살펴보자. 가우스의 법칙의 미분형[식(II-18)과 (II-23)]이 더 쓸모가 있는데 이 미분형은 점점 줄어드는 면에서 플럭스와 부피의 비에서 얻은 것이다. 마찬가지로 순환 법칙[식(III-2)]의 미분형을 구하고자 한다. 일반적인 접근을 위해 임의 함수 $\mathbf{F}(x, y, z)$를 다루고 나중에 $\mathbf{E}(x, y, z)$에 적용시킨다.

xy 평면에 평행인 작은 직사각형에서 **F**의 순환을 고려하자. 직사각형의 변은 Δx, Δy이고 그 중심은 (x, y, z)이다[그림 III-11(a)].

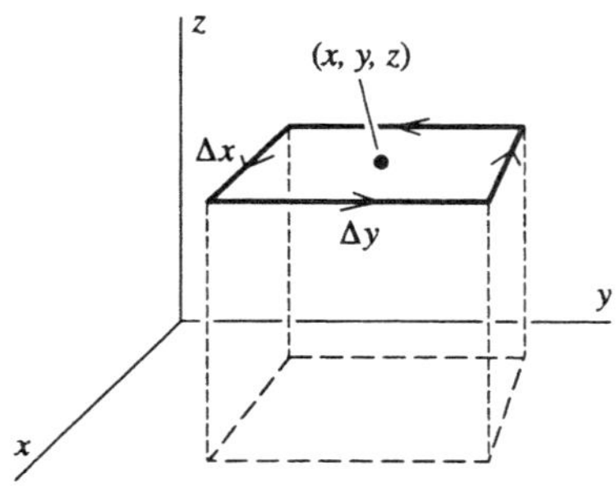

그림 III-11(a)

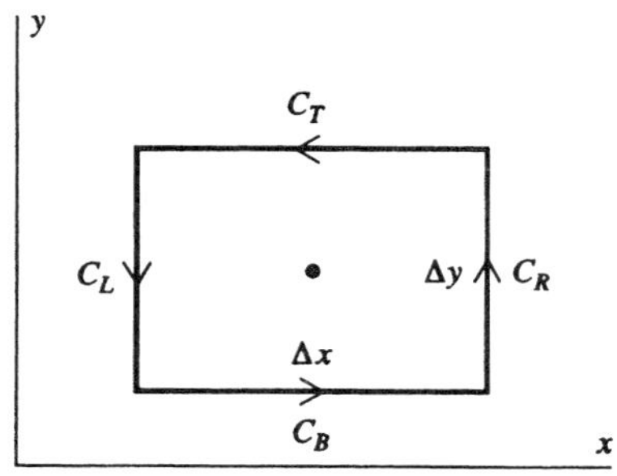

그림 III-11(b)

그림 III-11(b)처럼 xy 평면을 내려다 봤을 때 반시계 방향으로 경로 적분을 한다. 선적분을 C_B(아래), C_R(오른쪽), C_T(위), C_L(왼쪽)의 네 부분으로 나눈다. 직사각형이 작으므로(궁극적으로 0에 접근하는 극한을 취한다) 각 변에서 선적분은 변의 중심에서 구한 **F**값과 변의 길이의 곱이다.[3)]

C_B에서

$$\int_{C_B} \mathbf{F} \cdot \hat{\mathbf{t}}\, ds = \int_{C_B} F_x\, dx \simeq F_x\left(x, y - \frac{\Delta y}{2}, z\right) \Delta x \qquad \text{(III-3a)}$$

이다. C_T에서는

$$\int_{C_T} \mathbf{F} \cdot \hat{\mathbf{t}}\, ds = \int_{C_T} F_x\, dx \simeq -F_x\left(x, y + \frac{\Delta y}{2}, z\right) \Delta x \qquad \text{(III-3b)}$$

3) 2장의 주석 9)를 보시오.

이다. 음의 부호가 있는 이유는 다음과 같다.

$$\int_{C_T} F_x\,dx = \int_{C_T} F_x \frac{dx}{ds}\,ds$$

이고 C_T에서 $dx/ds = -1$이다. 식(III-3a)와 (III-3b)를 더한다.

$$\int_{C_T+C_B} (\mathbf{F} \cdot \hat{\mathbf{t}})\,ds$$

$$\simeq -\left[F_x\left(x, y + \frac{\Delta y}{2}, z\right) - F_x\left(x, y - \frac{\Delta y}{2}, z\right)\right]\Delta x$$

$$\simeq -\frac{F_x\left(x, y + \frac{\Delta y}{2}, z\right) - F_x\left(x, y - \frac{\Delta y}{2}, z\right)}{\Delta y}\,\Delta x\,\Delta y$$

$\Delta x \Delta y$는 직사각형의 면적 ΔS이다.

$$\frac{1}{\Delta S}\int_{C_T+C_B} (\mathbf{F} \cdot \hat{\mathbf{t}})\,ds$$

$$\simeq -\frac{F_x\left(x, y + \frac{\Delta y}{2}, z\right) - F_x\left(x, y - \frac{\Delta y}{2}, z\right)}{\Delta y} \qquad \text{(III-4)}$$

직사각형의 왼쪽과 오른쪽 변(C_L과 C_R)에서도 마찬가지로 하여 다음을 얻는다.

$$\frac{1}{\Delta S}\int_{C_L+C_R} (\mathbf{F} \cdot \hat{\mathbf{t}})\,ds$$

$$\simeq \frac{F_y\left(x + \frac{\Delta x}{2}, y, z\right) - F_y\left(x - \frac{\Delta x}{2}, y, z\right)}{\Delta x} \qquad \text{(III-5)}$$

식(III-4)와 (III-5)를 더하고 점 (x, y, z)를 중심으로 ΔS가 줄어드는 극한(이 경우 $\Delta x, \Delta y \to 0$이다)을 취하여 다음을 얻는다.

$$\lim_{\substack{\Delta S \to 0 \\ \text{about } (x,y,z)}} \frac{1}{\Delta S} \oint \mathbf{F} \cdot \hat{\mathbf{t}}\,ds = \frac{\partial F_y}{\partial x} - \frac{\partial F_x}{\partial y} \qquad \text{(III-6)}$$

여기서 $\oint$는 직사각형에서의 순환을 의미하는 유머를 곁들인 기호이다.

두 가지 점에서 특수한 적분 경로를 써서 이 결과를 얻었기 때문에 이것이 일반적이고 유일한지 의문이 생긴다. 경로의 특수성은 첫째 직사각형 모양이고, 둘째는 xy 평면에 평행하다는 것이다. 경로가 직사각형이 아니고 평면 상에서 임의 모양의 곡선이라고 해도 결과는 같다(문제 III-2와 III-30). 그러나 결과는 적분 경로를 포함하는 면이 어느 방향을 향하느냐에 의존한다. 그림 III-12(a)와 (b)에는 앞과 다른 적분 경로가 나와 있다. 그림에는 각 경로에 따른

$$\lim_{\substack{\Delta S \to 0 \\ \text{about } (x,y,z)}} \frac{1}{\Delta S} \oint \mathbf{F} \cdot \hat{\mathbf{t}}\, ds$$

의 계산 결과를 써놓았다.

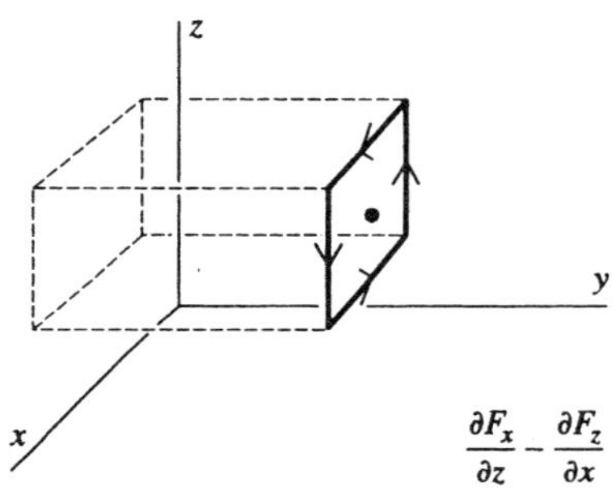

그림 III-12(a)

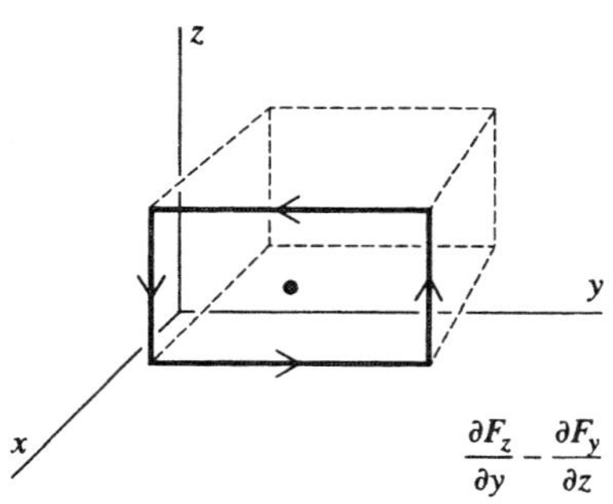

그림 III-12(b)

경로가 포함하는 면적의 수직 벡터로 경로를 나타낼 수 있다. 경로 C를 따라가면서 경로 안의 면적이 언제나 사람의 왼쪽에 있다[그림 III-13(a)].

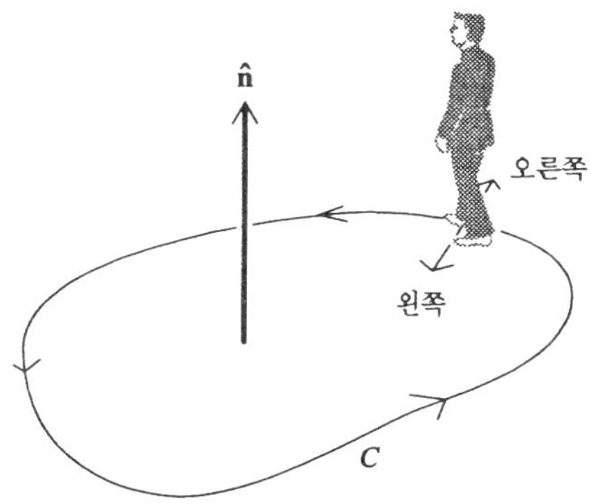

그림 III-13(a)

이 때 수직 방향은 사람이 서있는 방향이다. 이 약속을 오른손 규칙이라고도 한다. 오른 손의 손가락을 곡선을 따라 감아 쥐었을 때 엄지 손가락이 가리키는 방향이 수직 방향이다[그림 III-13(b)].

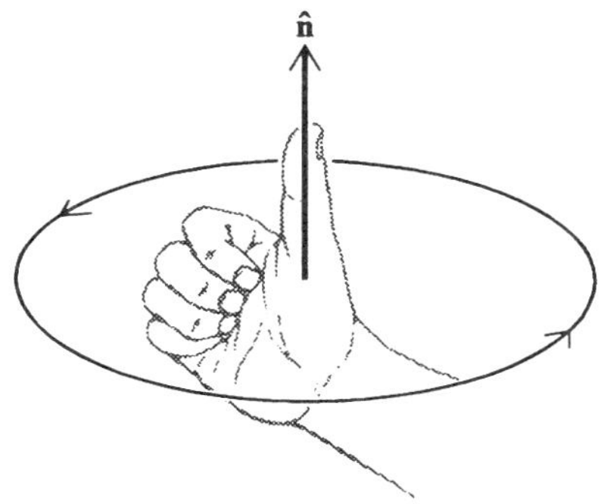

그림 III-13(b)

$\lim_{\Delta S\to 0}\oint \mathbf{F}\cdot\hat{\mathbf{t}}\, ds/\Delta S$ 를 계산하면

$$\left.\begin{array}{ll}\text{수직이 } \mathbf{i}\text{인 경로에 대해} & \dfrac{\partial F_z}{\partial y}-\dfrac{\partial F_y}{\partial z},\\[2ex] \text{수직이 } \mathbf{j}\text{인 경로에 대해} & \dfrac{\partial F_x}{\partial z}-\dfrac{\partial F_z}{\partial x},\\[2ex] \text{수직이 } \mathbf{k}\text{인 경로에 대해} & \dfrac{\partial F_y}{\partial x}-\dfrac{\partial F_x}{\partial y}.\end{array}\right\} \qquad \text{(III-7a)}$$

를 얻는다.

이 세 양은 직각 좌표계에서 어느 벡터의 성분이다. 이 벡터를 **F**의 회전(curl)이라 하고 curl **F**로 쓴다.

$$\text{curl}\,\mathbf{F} = \mathbf{i}\left(\frac{\partial F_z}{\partial y} - \frac{\partial F_y}{\partial z}\right) + \mathbf{j}\left(\frac{\partial F_x}{\partial z} - \frac{\partial F_z}{\partial x}\right) + \mathbf{k}\left(\frac{\partial F_y}{\partial x} - \frac{\partial F_x}{\partial y}\right) \tag{III-7b}$$

이 식은 회전의 정의로 쓰이기도 하지만 여기서는 단지 직각 좌표계에서 회전의 형태라고 본다. 회전은 면적이 0으로 갈 때 순환 대 면적의 비의 극한으로 정의한다. 수직 벡터가 $\hat{\mathbf{n}}$인 어떤 경로에서 **F**의 순환을 $\oint_{C_n} \mathbf{F}\cdot\hat{\mathbf{t}}\,ds$라고 한다(그림 III-14).

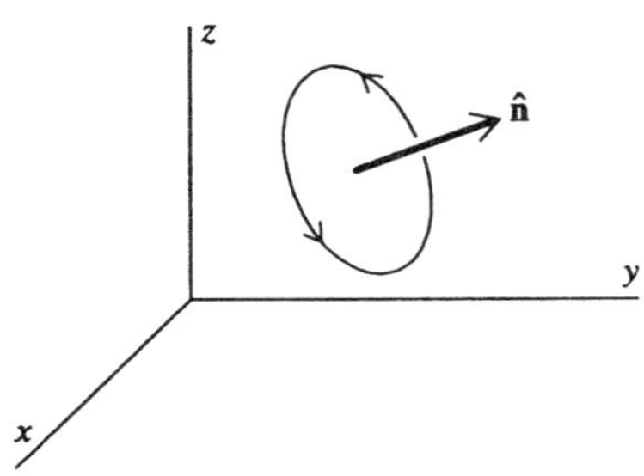

그림 III-14

정의에 의해서

$$\hat{\mathbf{n}}\cdot\text{curl}\,\mathbf{F} = \lim_{\substack{\Delta S\to 0\\ \text{about }(x,y,z)}} \frac{1}{\Delta S}\oint_{C_n} \mathbf{F}\cdot\hat{\mathbf{t}}\,ds \tag{III-8}$$

이다. $\hat{\mathbf{n}}$에 **i**, **j**, **k**를 대입하면 식(III-7b)를 얻는다. 일반적으로 점 (x, y, z)에 따라서 극한의 값이 변하므로 **F**의 회전은 위치의 벡터 함수이다.[4] 앞에서 적분 경로를 포함하는 면이 평면이라고 가정하였는데 반드시 그럴 필요는 없다. 회전은 어떤 점을 중심으로 면적이 0이 될 때의 극

4) 한 때는 rotation이라는 단어(줄여서 rot)가 회전을 뜻하였다. 이 용어는 이제 쓰이지 않지만 다음과 같은 흔적을 남겼다. curl **F**=0 이면 함수 **F**는 비회전적(irrotational)이다.

한값으로 정의되는데 극한으로 갈수록 경로 안의 면이 평면에 아주 가깝게 되기 때문이다.

직각 좌표계에서 curl **F**의 표현[식(III-7b)]을 기억하는데 도움이 되는 방법이 있다. 3×3 행렬식

$$\begin{vmatrix} \mathbf{i} & \mathbf{j} & \mathbf{k} \\ \partial/\partial x & \partial/\partial y & \partial/\partial z \\ F_x & F_y & F_z \end{vmatrix}$$

을 첫째 열로 전개하고 곱을 편도함수로 해석하면[예를 들어 $(\partial/\partial x)F_y = \partial F_y/\partial x$] 그 결과는 식(III-7b)와 같다.[5] 이제 직각 좌표계에서 curl **F**의 형식을 기억하는 것은 3×3 행렬식의 전개 방법을 기억하는 것으로 대치되었다.

회전을 계산하는 한 예로 다음 벡터 함수를 고려하자.

$$\mathbf{F}(x, y, z) = \mathbf{i}xz + \mathbf{j}yz - \mathbf{k}y^2$$

$$\begin{aligned} \text{curl}\,\mathbf{F} &= \begin{vmatrix} \mathbf{i} & \mathbf{j} & \mathbf{k} \\ \partial/\partial x & \partial/\partial y & \partial/\partial z \\ xz & yz & -y^2 \end{vmatrix} \\ &= \mathbf{i}(-2y - y) + \mathbf{j}(x - 0) + \mathbf{k}(0 - 0) \\ &= -3\mathbf{i}y + \mathbf{j}x. \end{aligned}$$

회전 연산자는 델을 써서 나타낼 수 있다.

$$\text{curl}\,\mathbf{F} = \nabla \times \mathbf{F}$$

앞으로는 **F**의 회전을 $\nabla \times \mathbf{F}$로 표시한다.

---

5) 엄격히 말해서 행렬식에는 벡터나 연산자가 사용되지 않기 때문에 수학자는 이것을 반대할 수도 있다. 이 방법은 단지 기억을 돕는 도구이다.

원통 및 구면 좌표계에서 구한 회전

다른 좌표계에서 $\nabla \times \mathbf{F}$의 형태를 구하려면 직각 좌표계에서 회전을 구했던 경로를 적절히 바꾸고 비슷한 과정을 밟는다. 예를 들어 그림 III-15(a)의 경로는 원통 좌표계에서 $\nabla \times \mathbf{F}$의 z 성분을 준다.[6)]

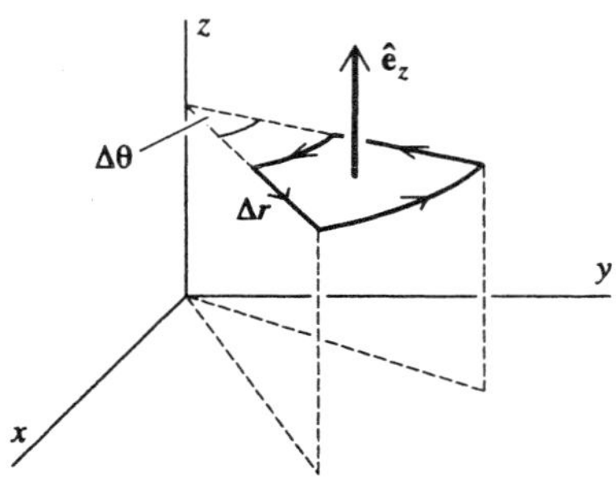

그림 III-15(a)

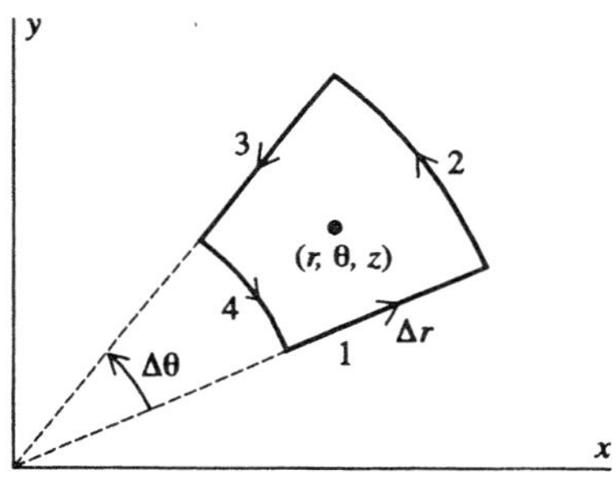

그림 III-15(b)

경로의 방향은 오른손 규칙으로 정해진다. 경로를 위에서 봤을 때[그림 III-15(b)] 변 1을 따라서 $\mathbf{F}(r, \theta, z) \cdot \hat{\mathbf{t}}$의 선적분을 하면

$$\int_{C_1} \mathbf{F} \cdot \hat{\mathbf{t}}\, ds \simeq F_r\left(r, \theta - \frac{\Delta\theta}{2}, z\right) \Delta r$$

6) 직각 좌표계에서 $\nabla \times \mathbf{F}$의 형태를 구할 때 적분 경로(그림 III-11, III-12)의 각 변은 x=상수, y=상수, z=상수로 주어졌다. 마찬가지로 원통 좌표계에서도 경로의 식은 r=상수, θ=상수, z=상수 로 주어진다.

이다. 변 3에서는

$$\int_{C_3} \mathbf{F} \cdot \hat{\mathbf{t}}\, ds \simeq -F_r\left(r, \theta + \frac{\Delta\theta}{2}, z\right) \Delta r$$

이다. 경로 안의 면적은 $r\ \Delta r\ \Delta\theta$이고

$$\frac{1}{\Delta S} \int_{C_1+C_3} \mathbf{F} \cdot \hat{\mathbf{t}}\, ds$$

$$\simeq -\frac{\Delta r}{r\,\Delta r\,\Delta\theta}\left[F_r\left(r, \theta + \frac{\Delta\theta}{2}, z\right) - F_r\left(r, \theta - \frac{\Delta\theta}{2}, z\right)\right]$$

이다. Δr과 $\Delta\theta$가 0으로 가는 극한에서 위 식은

$$-\frac{1}{r}\frac{\partial F_r}{\partial \theta}$$

가 된다. 이것의 값은 점 (r, θ, z)에서 계산한다.

변 2에서는

$$\int_{C_2} \mathbf{F} \cdot \hat{\mathbf{t}}\, ds \simeq F_\theta\left(r + \frac{\Delta r}{2}, \theta, z\right)\left(r + \frac{\Delta r}{2}\right) \Delta\theta$$

이고 변 4에서는

$$\int_{C_4} \mathbf{F} \cdot \hat{\mathbf{t}}\, ds \simeq -F_\theta\left(r - \frac{\Delta r}{2}, \theta, z\right)\left(r - \frac{\Delta r}{2}\right) \Delta\theta$$

이다. 즉

$$\frac{1}{\Delta S} \int_{C_2+C_4} \mathbf{F} \cdot \hat{\mathbf{t}}\, ds \simeq \frac{\Delta\theta}{r\,\Delta r\,\Delta\theta}\left[\left(r + \frac{\Delta r}{2}\right) F_\theta\left(r + \frac{\Delta r}{2}, \theta, z\right) - \left(r - \frac{\Delta r}{2}\right) F_\theta\left(r - \frac{\Delta r}{2}, \theta, z\right)\right]$$

이다. 극한에서 이 식은 $(1/r)(\partial/\partial r)(rF_\theta)$가 되는데 그 값은 점 (r, θ, z)에서 계산한다. 따라서

$$(\nabla \times \mathbf{F})_z \equiv \lim_{\Delta S \to 0} \frac{1}{\Delta S} \oint \mathbf{F} \cdot \hat{\mathbf{t}}\, ds = \frac{1}{r} \frac{\partial}{\partial r}(rF_\theta) - \frac{1}{r} \frac{\partial F_r}{\partial \theta}$$

이다. $\nabla \times \mathbf{F}$의 r과 θ성분을 구하는 경로가 그림 III-15(c)와 (d)에 나와 있다.

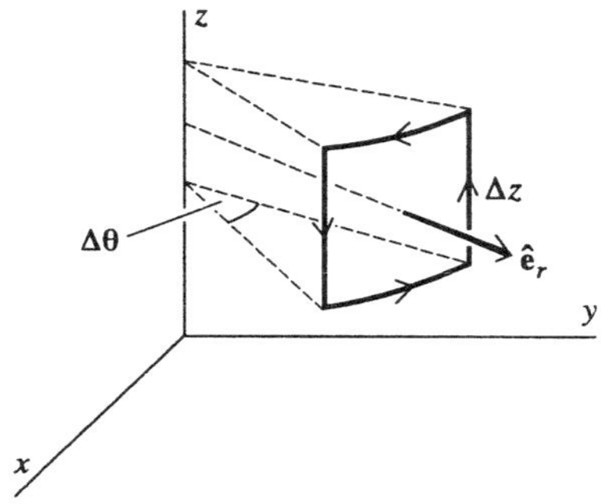

그림 III-15(c)

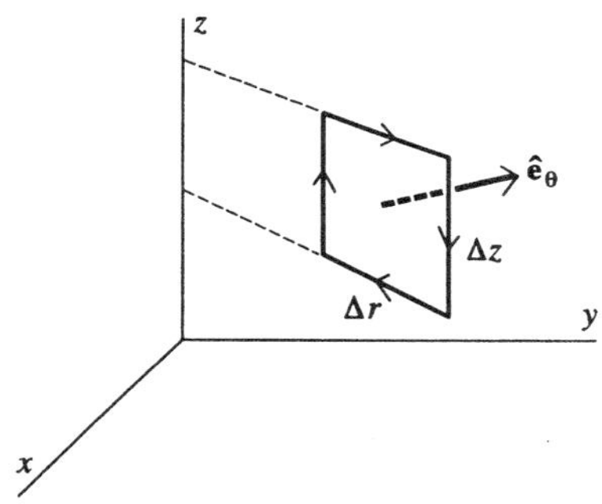

그림 III-15(d)

문제 III-8에서 이 두 성분을 구한다. 원통 좌표계에서 $\nabla \times \mathbf{F}$의 세 성분은 다음과 같다.

$$(\nabla \times \mathbf{F})_r = \frac{1}{r} \frac{\partial F_z}{\partial \theta} - \frac{\partial F_\theta}{\partial z}$$

$$(\nabla \times \mathbf{F})_\theta = \frac{\partial F_r}{\partial z} - \frac{\partial F_z}{\partial r}$$

$$(\nabla \times \mathbf{F})_z = \frac{1}{r} \frac{\partial}{\partial r}(rF_\theta) - \frac{1}{r} \frac{\partial F_r}{\partial \theta}$$

원통 좌표계에서 회전을 계산하는 예로 다음 함수를 고려하자.

$$\mathbf{F}(r, \theta, z) = \hat{\mathbf{e}}_r r^2 z + \mathbf{e}_\theta r z^2 \cos\theta + \hat{\mathbf{e}}_z r^3$$

$$(\nabla \times \mathbf{F})_r = \frac{1}{r}\frac{\partial}{\partial\theta}(r^3) - \frac{\partial}{\partial z}(rz^2\cos\theta) = -2rz\cos\theta$$

$$(\nabla \times \mathbf{F})_\theta = \frac{\partial}{\partial z}(r^2 z) - \frac{\partial}{\partial r}(r^3) = -2r^2$$

$$(\nabla \times \mathbf{F})_z = \frac{1}{r}\frac{\partial}{\partial r}(r^2 z^2 \cos\theta) - \frac{1}{r}\frac{\partial}{\partial\theta}(r^2 z) = 2z^2\cos\theta$$

이고 따라서

$$\nabla \times \mathbf{F} = -2\hat{\mathbf{e}}_r rz\cos\theta - 2\hat{\mathbf{e}}_\theta r^2 + 2\hat{\mathbf{e}}_z z^2 \cos\theta$$

이다.

구면 좌표계에서 curl **F**의 세 성분은 다음과 같다(문제 III-9).

$$(\nabla \times \mathbf{F})_r = \frac{1}{r\sin\phi}\frac{\partial}{\partial\phi}(\sin\phi\, F_\theta) - \frac{1}{r\sin\phi}\frac{\partial F_\phi}{\partial\theta}$$

$$(\nabla \times \mathbf{F})_\phi = \frac{1}{r\sin\phi}\frac{\partial F_r}{\partial\theta} - \frac{1}{r}\frac{\partial}{\partial r}(rF_\theta)$$

$$(\nabla \times \mathbf{F})_\theta = \frac{1}{r}\frac{\partial}{\partial r}(rF_\phi) - \frac{1}{r}\frac{\partial F_r}{\partial\phi}$$

구면 좌표계에서 회전을 계산하는 예로 다음 함수를 고려하자.

$$\mathbf{F}(r, \theta, \phi) = \frac{\hat{\mathbf{e}}_r}{r\theta} + \frac{\hat{\mathbf{e}}_\phi}{r} + \frac{\hat{\mathbf{e}}_\theta}{r\cos\phi}$$

$$(\nabla \times \mathbf{F})_r = \frac{1}{r\sin\phi}\frac{\partial}{\partial\phi}\left(\sin\phi\frac{1}{r\cos\phi}\right) - \frac{1}{r\sin\phi}\cdot 0 = \frac{\sec^2\phi}{r^2\sin\phi}$$

$$(\nabla \times \mathbf{F})_\phi = \frac{1}{r\sin\phi}\frac{\partial}{\partial\theta}\left(\frac{1}{r\theta}\right) - \frac{1}{r}\frac{\partial}{\partial r}(\cos\phi) = -\frac{1}{r^2\theta^2\sin\phi}$$

$$(\nabla \times \mathbf{F})_\theta = \frac{1}{r}\frac{\partial}{\partial r}(1) - \frac{1}{r}\frac{\partial}{\partial\phi}\left(\frac{1}{r\theta}\right) = 0$$

이고 따라서

$$\nabla \times \mathbf{F} = \frac{\sec^2\phi}{r^2\sin\phi}\hat{\mathbf{e}}_r - \frac{1}{r^2\theta^2\sin\phi}\hat{\mathbf{e}}_\phi$$

이다.

회전의 의미

회전은 닫힌 경로의 주위를 따라서 선적분을 하는 것인데 말 그대로 회전하는 물체와 관련이 있다고 볼 수 있다. 유체의 운동에서 예를 들기로 한다.

물이 욕조에서 배수구로 빠질 때처럼 원을 따라 흐른다. 시간 t에 점 (x, y)에서 물의 작은 부피의 좌표는 $x=r\cos\omega t$, $y=r\sin\omega t$이다. 여기서 ω는 상수로서 물의 각속도이다(그림 III-16).[7]

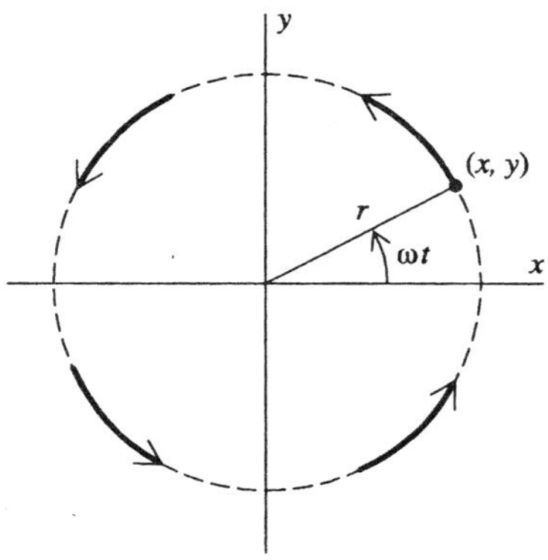

그림 III-16

(x, y)에서 물의 속도는

$$\begin{aligned}\mathbf{v} &= \mathbf{i}(dx/dt) + \mathbf{j}(dy/dt) = r\omega[-\mathbf{i}\sin\omega t + \mathbf{j}\cos\omega t] \\ &= \omega(-\mathbf{i}y + \mathbf{j}x)\end{aligned}$$

이다. 이 표현은 물의 속도 장으로서 임의점 (x, y)에서 물의 속도를 알려준다. 운동이 원형이므로 속도의 회전은 0이 아니라는 것을 직감적으로 알 수 있다. 실제로

7) 이것은 물이 욕조에서 배수구로 빠질 때의 실제 모습은 아니다. 실제로는 각속도가 r에 따라 변한다. 엉성하지만 회전의 예로는 충분하고 또 간단해서 좋다.

$$\nabla \times \mathbf{v} = 2\mathbf{k}\omega$$

이다. 속도의 회전은 돌고 있는 물의 각속도에 비례하는 것을 볼 수 있다.

$\nabla \times \mathbf{v}$는 운동하는 면에 수직인 벡터이고 양의 z 방향이다[그림 III-17(a)].

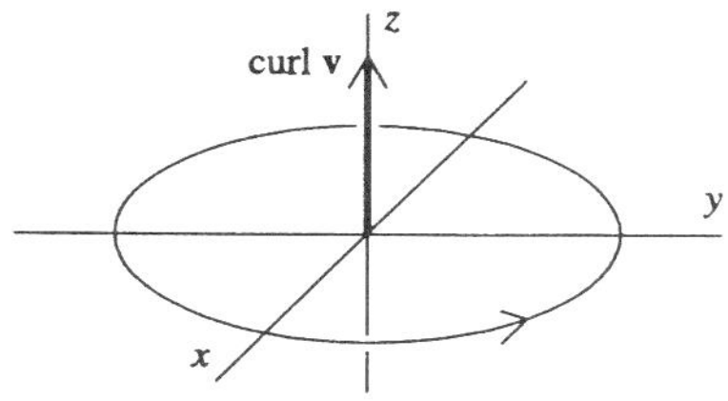

그림 III-17(a)

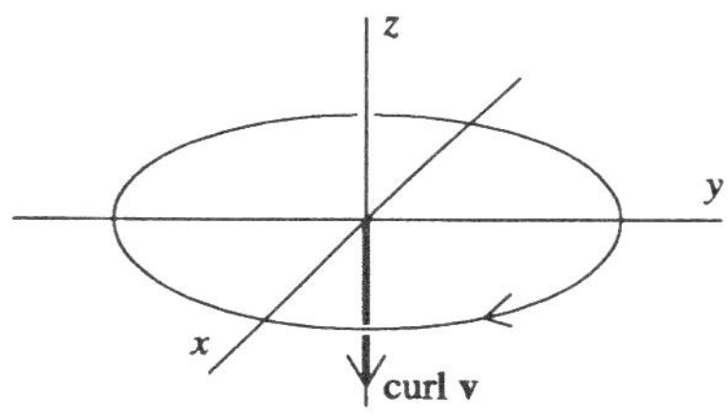

그림 III-17(b)

물이 반대 방향으로 돌면 $\mathbf{v}$의 회전은 음의 z 방향이다[그림 III-17(b)]. 이것은 오른손 규칙과 일치한다. 물에 조그만 바람개비를 넣으면 물이 날개에 토크(torque)를 가하므로 돌기 시작할 것이다(그림 III-18). 바람개비의 축은 회전의 방향을 향한다.

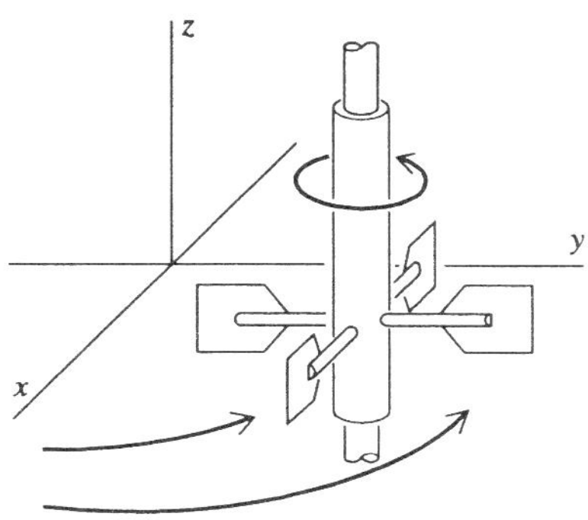

그림 III-18

다른 속도 장을 고려하자.

$$\mathbf{v} = \mathbf{j}v_0 e^{-y^2/\lambda^2}$$

여기서 v_0와 λ는 상수이다. 이러한 속도 장을 갖고 흐르는 물의 모양이 그림 III-19에 나와 있다.

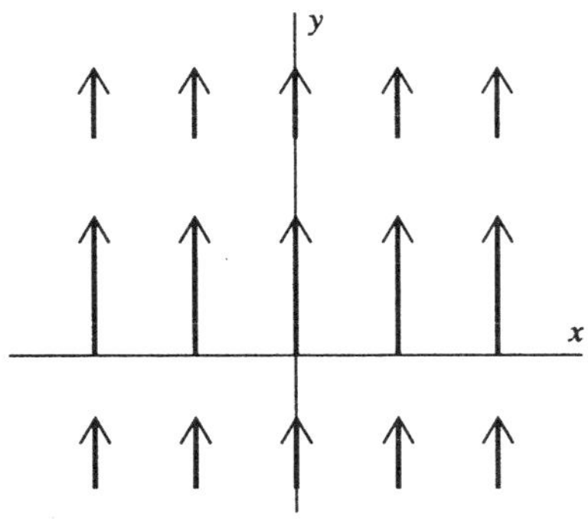

그림 III-19

모든 점에서 속도는 양의 y방향이고 그 크기(화살표의 길이로 표시되는)는 y에 따라 변한다. 도는 운동이 없이 직선만을 따라 물이 흐르고 있으므로 이 경우 $\nabla\times\mathbf{v}=0$ 이라고 짐작할 수 있는데 이것은 간단한 계산으로 보일 수 있다. 이러한 물에 바람개비를 넣으면 날개에 작용하는 알짜 토크가 0이 되므로 돌지 않을 것이다.[8)]

마지막 예는 앞의 두 예보다 복잡하다. 속도 장이 다음과 같다.

$$\mathbf{v} = \mathbf{j}v_0 e^{-x^2/\lambda^2}$$

모든 점에서 속도는 y방향이고 크기는 y가 아니라 x에 따라 변한다(그림 III-20).

8) $\nabla\times\mathbf{v}=0$ 인 흐름을 비회전적이라고 한다.

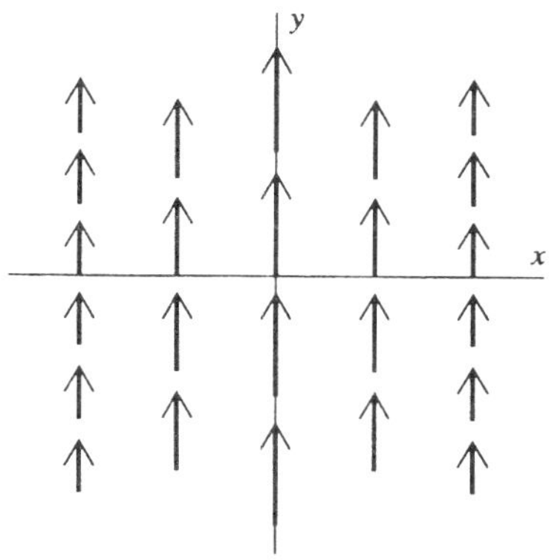

그림 III-20

앞의 예처럼 도는 운동이 없으므로 $\nabla \times \mathbf{v}=0$이라고 짐작할 수 있다. 그러나 계산을 하면

$$\nabla \times \mathbf{v} = -\mathbf{k}v_0 \frac{2x}{\lambda^2} e^{-x^2/\lambda^2}$$

이다. 이러한 물에 조그만 바람개비를 넣으면, 모든 곳에서 물이 같은 방향으로 흐르지만 바람개비는 돌 것이다. 물의 속도가 x에 따라 변하므로 날개 P가 받는 힘이 P'가 받는 힘보다 크기 때문이다(그림 III-21).

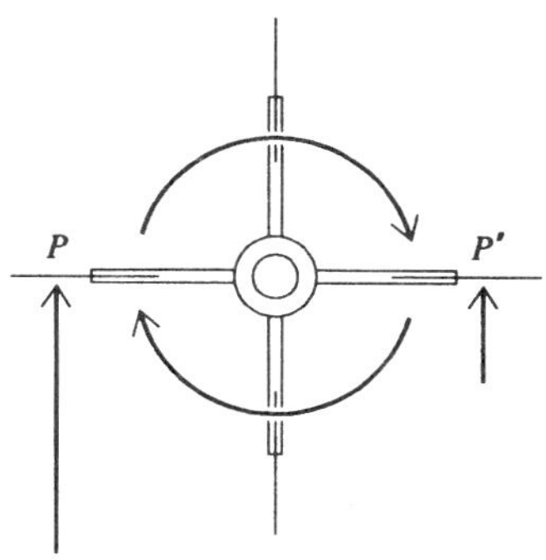

그림 III-21

즉 알짜 토크가 있다. 수학적으로는 작은 직사각형(그림 III-22)에서 $\mathbf{v}\cdot\hat{\mathbf{t}}$의 선적분이 0이 아니다.

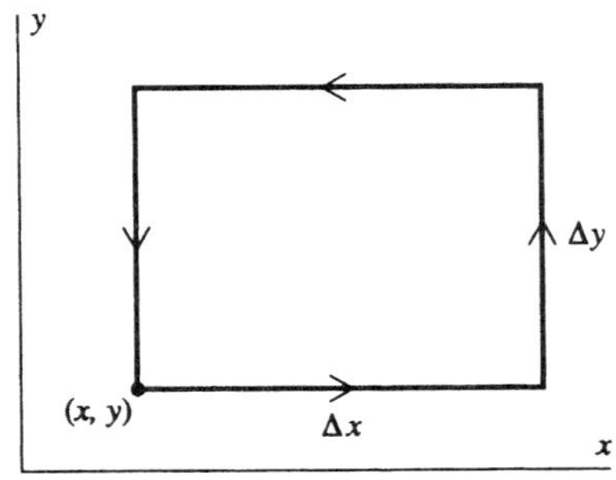

그림 III-22

$$\int_{\text{bottom}} \mathbf{v} \cdot \hat{\mathbf{t}}\, ds = \int_{\text{top}} \mathbf{v} \cdot \hat{\mathbf{t}}\, ds = 0$$

이지만 다른 두 변에서는

$$\int_{\text{right}} \mathbf{v} \cdot \hat{\mathbf{t}}\, ds \simeq v_y(x + \Delta x)\,\Delta y$$

$$\int_{\text{left}} \mathbf{v} \cdot \hat{\mathbf{t}}\, ds \simeq -v_y(x)\,\Delta y$$

이다. $v_y(x) \neq v_y(x+\Delta x)$ 이므로 이들은 서로 소거되지 않는다. 이 예에서 x가 양(음)이면 $\nabla\times\mathbf{v}$는 음(양)의 z 방향이고 $x=0$ 이면 $\nabla\times\mathbf{v}=0$ 이다. 이것을 설명하시오.

순환 법칙의 미분형

회전은 순환과 면적의 비의 극한으로 정의된다.

$$\hat{\mathbf{n}} \cdot \nabla \times \mathbf{E} = \lim_{\Delta S \to 0} \frac{1}{\Delta S} \oint_C \mathbf{E} \cdot \hat{\mathbf{t}}\, ds$$

여기서 $\hat{\mathbf{n}}$은 곡선 C를 포함하는 면에 수직인 단위 벡터로서 곡선은 한 점을 중심으로 해서 0으로 줄어든다. $\mathbf{E}$가 정전기장이면 임의 경로 C에 대해

$$\oint_C \mathbf{E} \cdot \hat{\mathbf{t}}\, ds = 0$$

이다. 따라서

$$\hat{\mathbf{n}} \cdot \nabla \times \mathbf{E} = 0$$

이다. C가 임의 곡선이므로 단위 벡터 $\hat{\mathbf{n}}$의 방향은 원하는 대로 택할 수 있다. 즉

$$\hat{\mathbf{n}} = \mathbf{i} \text{ 이면 } \quad (\nabla \times \mathbf{E})_x = 0$$
$$\hat{\mathbf{n}} = \mathbf{j} \text{ 이면 } \quad (\nabla \times \mathbf{E})_y = 0$$
$$\hat{\mathbf{n}} = \mathbf{k} \text{ 이면 } \quad (\nabla \times \mathbf{E})_z = 0$$

이다. $\nabla \times \mathbf{E}$의 세 직각 성분이 0이므로 정전기장에서

$$\nabla \times \mathbf{E} = 0$$

이다. 이것이 바로 순환 법칙의 미분형이다. 이제 '주어진 벡터 함수 $\mathbf{F}(x, y, z)$는 정전기장일 수 있는가?' 라는 물음에 쉽게 답을 할 수 있다. 그 답은 다음과 같다.

$\nabla \times \mathbf{F} = 0$ 이면 $\mathbf{F}$는 정전기장일 수 있다.

$\nabla \times \mathbf{F} \neq 0$ 이면 F는 정전기장일 수 없다.

이것은 모든 닫힌 경로에서 $\mathbf{F}$의 선적분을 계산해야만 하는 앞서의 기준보다 분명히 적용하기 쉬운 기준이다. 예를 들기로 한다.

예 1 $\mathbf{F} = K(\mathbf{i}y + \mathbf{j}x)$는 정전기장일 수 있는가? K는 상수이다.

$$\frac{1}{K} \nabla \times \mathbf{F}$$
$$= \mathbf{i}\left(\frac{\partial}{\partial y} 0 - \frac{\partial x}{\partial z}\right) + \mathbf{j}\left(\frac{\partial y}{\partial z} - \frac{\partial}{\partial x} 0\right) + \mathbf{k}\left(\frac{\partial x}{\partial x} - \frac{\partial y}{\partial y}\right)$$
$$= 0 \Rightarrow \nabla \times \mathbf{F} = 0.$$

답 : 있다.

예 2 $\mathbf{F} = K(\mathbf{i}y - \mathbf{j}x)$ 는 정전기장일 수 있는가?

$$\frac{1}{K} \nabla \times \mathbf{F} = \mathbf{k}\left(-\frac{\partial x}{\partial x} - \frac{\partial y}{\partial y}\right) = -2\mathbf{k} \Rightarrow \nabla \times \mathbf{F} = -2\mathbf{k}K$$

답 : 없다.

기준을 적용하기가 쉽다는 것을 예에서 알 수 있다.

스토크스의 정리

이 장의 나머지에서는 발산 정리와 비슷하지만 그것과는 또 다른 유명한 정리를 논하기로 한다. 수학자 스토크스(Stokes)의 이름을 딴 이 정리는 닫힌 경로의 선적분과 경로를 덮는 면의 면적분을 연관시킨다. 먼저 용어를 정의한다. 닫힌 곡선 C가 있는데 이것이 철사로 만들어졌다고 하자[그림 III-23(a)].

그림 III-23(a)

그림 III-23(b)처럼 탄성 막을 철사에 붙인다.

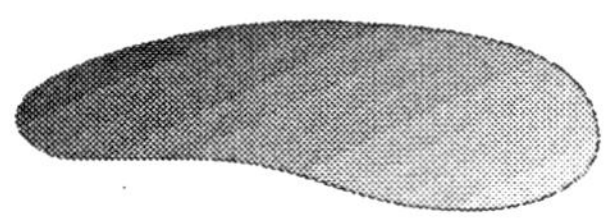

그림 III-23(b)

이 막이 곡선 C를 덮는 면(capping surface)이다. 막을 늘여서 만들어지는 면도 덮는 면이다. 예가 그림 III-23(c)에 있다.

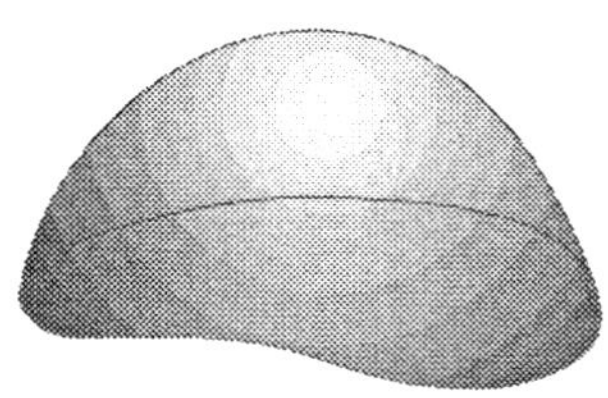

그림 III-23(c)

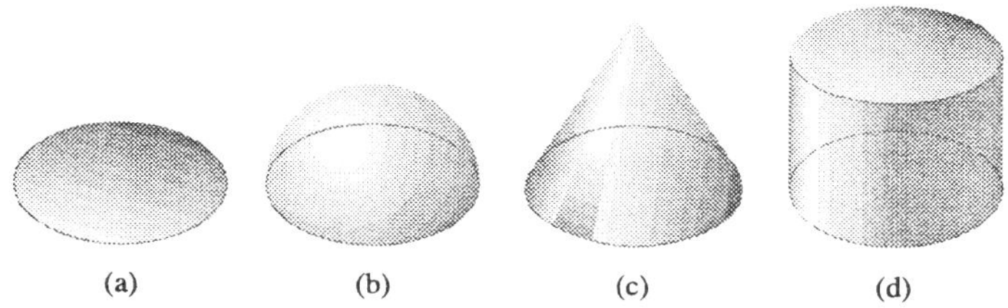

그림 III-24

그림 III-24에는 평면 위의 원주를 덮는 네 개의 서로 다른 면들이 나와 있다. (a) 원 안의 평면, (b) 반구 면, (c) 원뿔의 면, (d) 참치 깡통에서 윗 면과 옆면이다.

이제 어떤 닫힌 곡선 *C*와 덮는 면 *S*[그림 III-25(a)]에서 스토크스의 정리를 논하자.

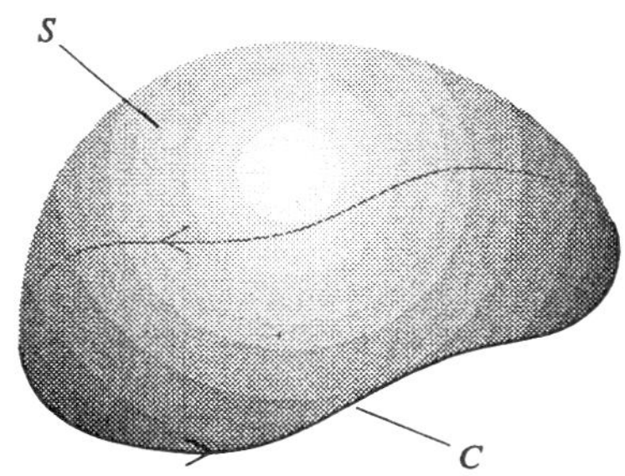

그림 III-25(a)

덮는 면을 면이 *N*개인 다면체로 근사한다. 각 면은 *S*와 어느 한 점에서 접한다[그림 III-25(b)].

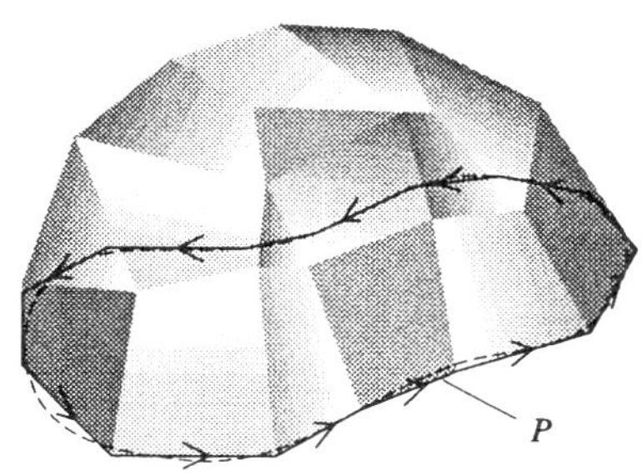

그림 III-25(b)

곡선 C는 그림 III-25(b)의 다각형 P로 근사된다. $\mathbf{F}(x, y, z)$가 곡선 C와 덮는 면 S사이의 영역에서 정의되는 무난한 벡터 함수라고 하자. 다면체의 l번째 면에서 경계선 C_l을 따라서 $\mathbf{F}$의 순환을 생각한다.

$$\oint_{C_l} \mathbf{F} \cdot \hat{\mathbf{t}}\, ds$$

다면체에서 각 면의 순환을 모두 더한 합은 다각형 P에서 $\mathbf{F}$의 순환과 같다.

$$\sum_{l=1}^{N} \oint_{C_l} \mathbf{F} \cdot \hat{\mathbf{t}}\, ds = \oint_{P} \mathbf{F} \cdot \hat{\mathbf{t}}\, ds \qquad \text{(III-9)}$$

이것을 증명하는 것은 쉽다. 그림 III-26(a)처럼 서로 이웃하는 두 개의 면을 고려하자.

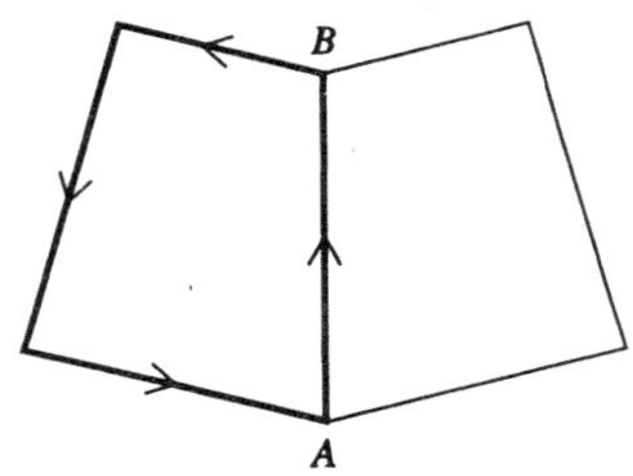

그림 III-26(a)

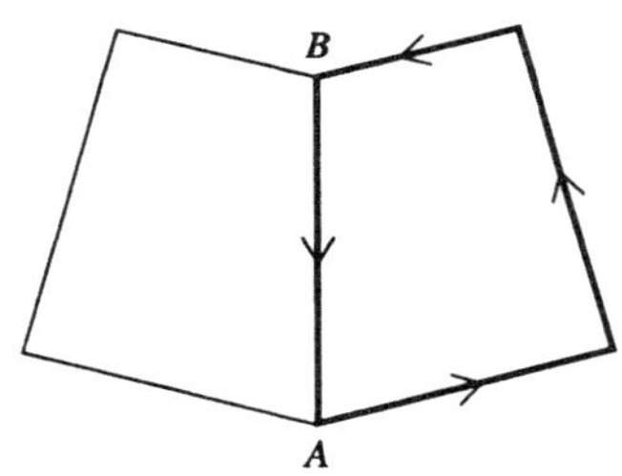

그림 III-26(b)

왼쪽 면의 순환은 선분 AB에서의 선적분 $\int_A^B \mathbf{F} \cdot \hat{\mathbf{t}}\, ds$를 포함한다. 오른쪽 면의 순환[그림 III-26(b)]에서 선분 AB의 기여는

$$\int_B^A \mathbf{F} \cdot \hat{\mathbf{t}}\, ds = -\int_A^B \mathbf{F} \cdot \hat{\mathbf{t}}\, ds$$

이다. 두 면에 공통인 선분 AB를 따라서 서로 반대 방향의 선적분을 하였다. 두 면에 대한 **F**의 순환을 더할 때 선분 AB가 기여하는 양은

$$\int_A^B \mathbf{F} \cdot \hat{\mathbf{t}}\, ds + \int_B^A \mathbf{F} \cdot \hat{\mathbf{t}}\, ds = 0$$

이다. 서로 이웃하는 두 면에서 공통인 경로는 식(III-9)의 합에 기여를 못하는 것이 명백하다. 그런데 다각형 P를 이루는 선분을 제외한 다른 모든 선분은 이웃한 두 면에서 공통이다. 따라서 식(III-9)가 성립한다.

이제 발산 정리를 유도할 때와 비슷한 과정을 밟는다.

$$\begin{aligned}\oint_P \mathbf{F} \cdot \hat{\mathbf{t}}\, ds &= \sum_{l=1}^{N} \oint_{C_l} \mathbf{F} \cdot \hat{\mathbf{t}}\, ds \\ &= \sum_{l=1}^{N} \left[\frac{1}{\Delta S_l} \oint_{C_l} \mathbf{F} \cdot \hat{\mathbf{t}}\, ds\right] \Delta S_l\end{aligned} \tag{III-10}$$

여기서 ΔS_l은 l번째 면의 면적이다. 대괄호 안의 양은 근사적으로 $\hat{\mathbf{n}}_l \cdot (\nabla \times \mathbf{F})_l$과 같다. $\hat{\mathbf{n}}_l$은 l번째 면에 수직인 단위 벡터이고, $(\nabla \times \mathbf{F})_l$은 벡터 함수 **F**의 회전인데 l번째 면과 S가 접하는 점에서 계산한다. '근사적' 인 이유는 ΔS_l이 0인 극한에서만 식(III-10)의 대괄호가 $\hat{\mathbf{n}}_l \cdot (\nabla \times \mathbf{F})_l$이 되기 때문이다. 수학적 엄밀함은 무시한다.

$$\begin{aligned}\lim_{\substack{N\to\infty \\ \text{each } \Delta S_l \to 0}} & \sum_{l=1}^{N} \left[\frac{1}{\Delta S_l} \oint_{C_l} \mathbf{F} \cdot \hat{\mathbf{t}}\, ds\right] \Delta S_l \\ &= \lim_{\substack{N\to\infty \\ \text{each } \Delta S_l \to 0}} \sum_{l=1}^{N} \hat{\mathbf{n}}_l \cdot (\nabla \times \mathbf{F})_l\, \Delta S_l \\ &= \iint_S \hat{\mathbf{n}} \cdot \nabla \times \mathbf{F}\, dS\end{aligned} \tag{III-11}$$

다각형 P의 극한은 곡선 C이므로

$$\lim_{\substack{N\to\infty \\ \text{each } \Delta S_l \to 0}} \oint_P \mathbf{F} \cdot \hat{\mathbf{t}}\, ds = \oint_C \mathbf{F} \cdot \hat{\mathbf{t}}\, ds \tag{III-12}$$

이다. 식(III-10), (III-11), (III-12)를 결합하여 스토크스의 정리를 얻는다.

$$\oint_C \mathbf{F} \cdot \hat{\mathbf{t}}\, ds = \iint_S \hat{\mathbf{n}} \cdot \nabla \times \mathbf{F}\, dS \tag{III-13}$$

여기서 S는 곡선 C를 덮는 임의의 면이다. 즉 스토크스의 정리는 어떤 닫힌 경로에서 벡터 함수의 접선 성분의 선적분이, 경로를 덮는 임의의 면에서 그 함수의 회전의 수직 성분의 면적분과 같다는 것이다. 이 정리는 C와 S에서 연속이고 미분 가능하며, 연속인 도함수를 갖는 임의의 벡터 함수 $\mathbf{F}$에 대해서 성립한다.

예를 들자. $\mathbf{F}(x, y, z)=\mathbf{i}z+\mathbf{j}x-\mathbf{k}x$, C는 xy평면에서 원점이 중심이며 반경이 1인 원이고 S는 원 내부의 평면이다[그림 III-27(a)].

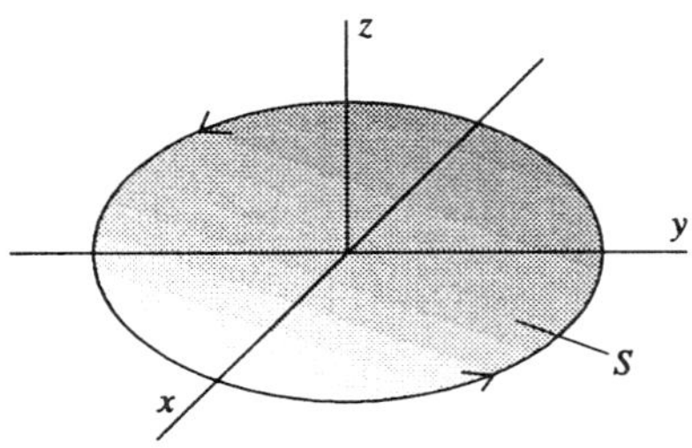

그림 III-27(a)

$$\mathbf{F} \cdot \hat{\mathbf{t}}\, ds = z\, dx + x\, dy - x\, dz$$

이고 $\oint_C \mathbf{F} \cdot \hat{\mathbf{t}}\, ds = \oint x\, dy$이다. 곡선을 그 길이 s로 나타내어 왔지만 이 경우는 각 θ로 경로 C를 나타낸다[그림 III-27(b)].

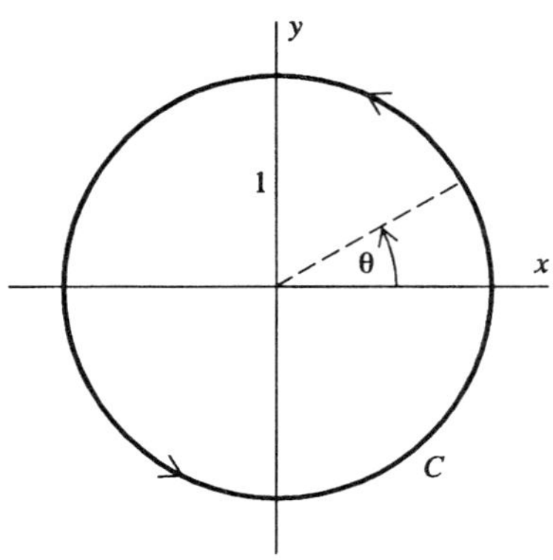

그림 III-27(b)

$$\oint x\,dy = \oint x\frac{dy}{d\theta}\,d\theta = \int_0^{2\pi}\cos^2\theta\,d\theta = \pi \tag{III-14}$$

여기서 $x=\cos\theta$, $y=\sin\theta$를 이용하였다.

다음을 계산한다.

$$\nabla\times\mathbf{F} = \begin{vmatrix} \mathbf{i} & \mathbf{j} & \mathbf{k} \\ \partial/\partial x & \partial/\partial y & \partial/\partial z \\ z & x & -x \end{vmatrix} = 2\mathbf{j} + \mathbf{k}$$

덮는 면이 xy평면의 일부이므로 양의 방향의 단위 수직 벡터는 $\hat{\mathbf{n}}=\mathbf{k}$이다. 즉,

$$\hat{\mathbf{n}}\cdot\nabla\times\mathbf{F} = \mathbf{k}\cdot(2\mathbf{j}+\mathbf{k}) = 1$$

이고

$$\iint_S \hat{\mathbf{n}}\cdot\nabla\times\mathbf{F}\,dS = \iint_S dS = \pi \tag{III-15}$$

이다. 끝의 등호에서 면적분은 반경이 1인 원의 면적이다. 이 결과[식(III-15)]는 식(III-14)와 같다. 즉 스토크스의 정리가 성립하는 것을 보였다.

이번에는 덮는 면 S로 그림 III-27(c)처럼 반경이 1인 반구의 면을 택해서 이 계산을 하자.

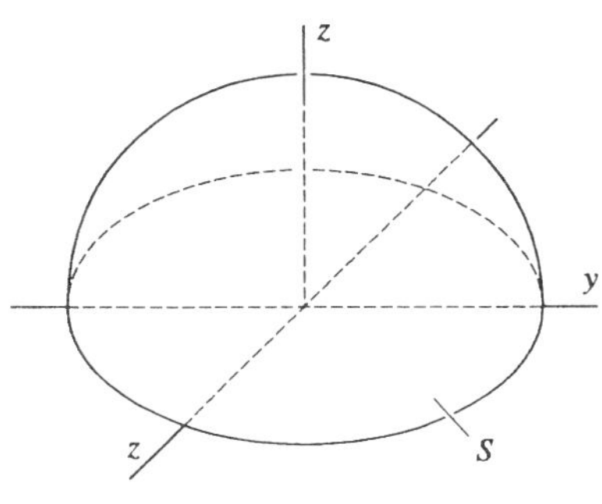

그림 III-27(c)

식(II-13)에서 $\mathbf{F}$를 $\nabla\times\mathbf{F}$로 바꾸어서 이 식을 이용한다.

$$\iint_S \hat{\mathbf{n}} \cdot \nabla \times \mathbf{F}\, dS = \iint_R \left[-2\left(-\frac{y}{z}\right) + 1 \right] dx\, dy$$
$$= 2 \iint_R \frac{y}{z}\, dx\, dy + \iint_R dx\, dy$$

여기서 R은 그림 III-27(a)처럼 xy평면에서 반경이 1인 원이다. 위 식의 두 번째 적분은 바로 이 원의 면적이고 그 값은 π이다. 첫 번째 적분은 극좌표를 도입해서 구할 수 있다.

$$2\iint_R \frac{y}{z}\, dx\, dy = 2 \iint_R \frac{y\, dx\, dy}{\sqrt{1 - x^2 - y^2}}$$
$$= 2 \int_0^{2\pi} \int_0^1 \frac{r \sin \theta\, r\, dr\, d\theta}{\sqrt{1 - r^2}} = 2 \int_0^{2\pi} \sin \theta\, d\theta \int_0^1 \frac{r^2\, dr}{\sqrt{1 - r^2}}$$

θ에 관한 적분은 0이다. 따라서 $\iint_S \hat{\mathbf{n}} \cdot \nabla \times \mathbf{F} dS = \pi$이고 앞의 결과와 일치한다.

스토크스 정리의 응용

스토크스의 정리를 암페어(Ampere)의 법칙에 적용할 수 있다. 그림 III-28처럼 전류 I가 지나가는 닫힌 곡선 C가 있다. C의 방향과 전류의 방향은 오른손 규칙으로 연관된다. 이 규칙은 또한 C의 방향과, C를 덮는 면에 수직인 방향을 연관시킨다. 암페어의 법칙에서 자기장(magnetic field) $\mathbf{B}$의 선적분과 전류의 관계는 다음과 같다.

$$\oint_C \mathbf{B} \cdot \hat{\mathbf{t}}\, ds = \mu_0 I$$

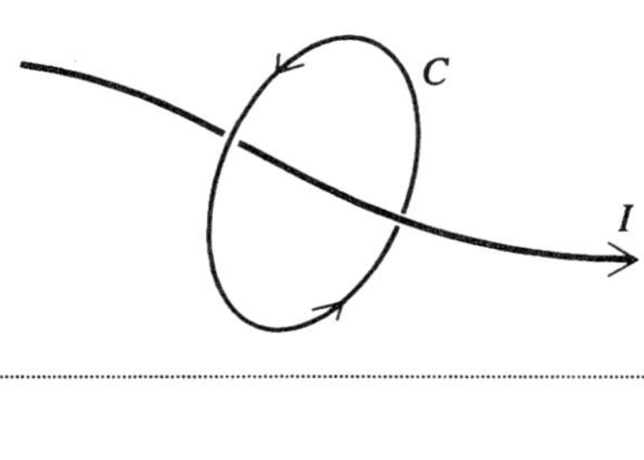

그림 III-28

여기서 μ_0는 자유 공간의 투과(permeability) 상수이다. 이 법칙에는 가우스의 법칙이나 순환 법칙과 마찬가지로 장(이 경우는 자기장)의 적분이 등장한다. 앞의 두 경우처럼 한 점에서의 장에 관한 식을 유도하고자 한다. 이를 위해 먼저 전류 밀도 $\mathbf{J}$를 도입한다. 수직 벡터가 $\hat{\mathbf{n}}$인 면적 ΔS를 지나는 전류가 흐른다(그림 III-29).

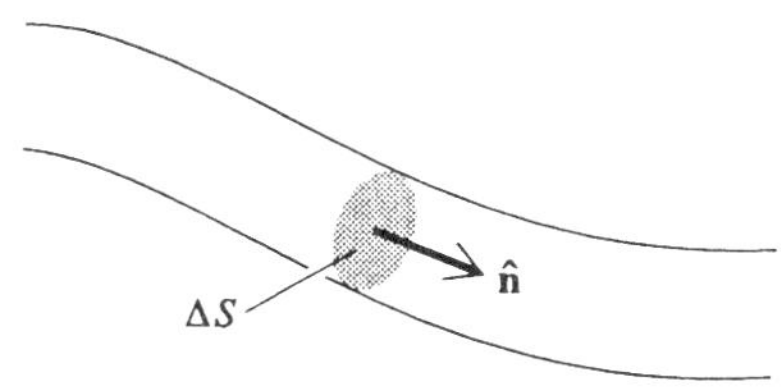

그림 III-29

전류 밀도 $\mathbf{J}$와 전체 전류 ΔI의 관계는 다음과 같다.

$$\Delta I = \mathbf{J} \cdot \hat{\mathbf{n}}\, \Delta S$$

즉 전류 밀도는 벡터 함수로서 크기는 단위 면적 당 전류이고 방향은 전류가 흐르는 방향이다. $\mathbf{J}(x, y, z)$가 전류 밀도이면 면 S를 지나는 전체 전류는

$$\iint_S \mathbf{J} \cdot \hat{\mathbf{n}}\, dS$$

이다. 암페어의 법칙은 다음과 같이 쓸 수 있다.

$$\oint_C \mathbf{B} \cdot \hat{\mathbf{t}}\, ds = \mu_0 \iint_S \mathbf{J} \cdot \hat{\mathbf{n}}\, dS$$

S는 곡선 C를 덮는 임의의 면이다. 흔히 전류가 전선에 흐르는데 이 경우 전선의 단면적은 전체 덮는 면의 일부에 불과하다. 전선의 단면적에서 $\mathbf{J} \neq 0$ 이고 면 S의 나머지 부분에서 $\mathbf{J} = 0$ 이므로(그림 III-30) 전선과 나머지 부분을 더한 덮는 면 전체에서 $\mathbf{J}$의 적분을 한다. 즉

$$\iint_{\text{전선의 단면적}} \mathbf{J} \cdot \hat{\mathbf{n}}\, dS = \iint_{\text{전체 덮는면}S} \mathbf{J} \cdot \hat{\mathbf{n}}\, dS$$

이다.

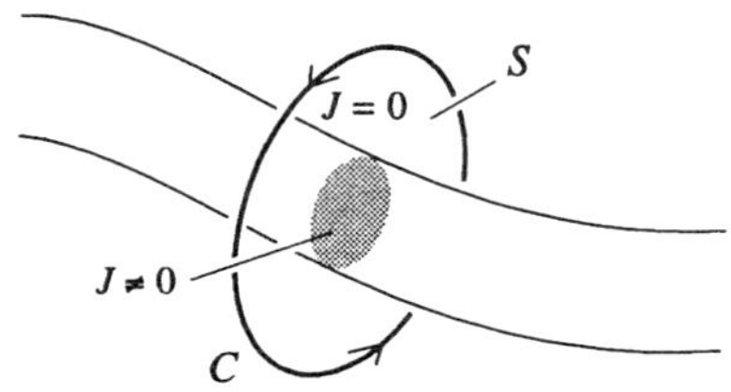

그림 III-30

이제 스토크스의 정리[식(III-13)]를 써서 다음 식을 얻는다.

$$\oint_C \mathbf{B} \cdot \hat{\mathbf{t}}\, ds = \iint_S \hat{\mathbf{n}} \cdot \nabla \times \mathbf{B}\, dS = \mu_0 \iint_S \hat{\mathbf{n}} \cdot \mathbf{J}\, dS$$

C와 S는 임의이므로

$$\nabla \times \mathbf{B} = \mu_0 \mathbf{J}$$

이다. 이것이 암페어의 법칙의 미분형이다. 이 식은 맥스웰 식 중 한 식의 특수한 경우로서 장이 시간에 따라 변하지 않을 때 성립한다.

스토크스의 정리와 단순 연결 영역

3차원 공간의 어떤 영역 D에서 스토크스의 정리가 성립한다고 하자. 이것은 D에 속하는 임의의 닫힌 곡선 C와 역시 D에 속하며 C를 덮는 임의의 면에서 정리가 성립하는 것을 뜻한다. 물론 함수 $\mathbf{F}$는 D에서 연속이고 미분 가능하며 1계 도함수가 연속이어야 한다. 그리고 영역 D 자체에도 제약이 따른다. 이것을 이해하기 위해 먼저 D가 구의 내부라고 하자. $\mathbf{F}$가 D의 모든 점에서 매끄럽다면[9] 스토크스의 정리가 D의 모든 점에서 성립한다. 두 개의 동심구 사이의 영역에서 $\mathbf{F}$가 매끄러운 경우도 마찬가지이다. 그러나 어떤 영역에서는 문제가 생길 수 있다. 예를 들어 D가 토러스(그림 III-31)의 내부라고 하자.

9) 어떤 함수가 매끄럽다(smooth)는 것은 이 함수가 연속이고 미분 가능하며 1계 도함수가 연속이라는 것을 의미한다.

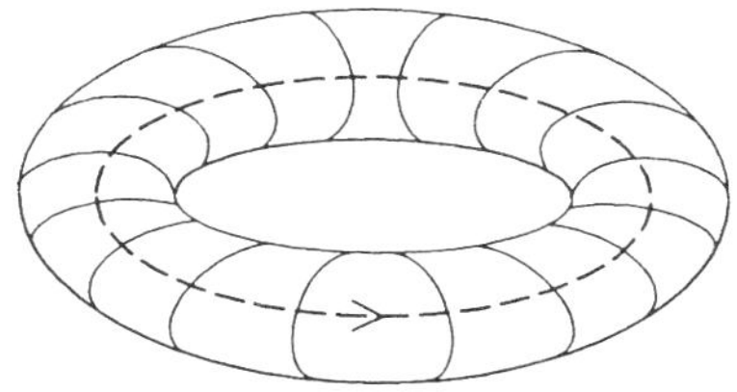

그림 III-31

이 경우는 그림처럼 닫힌 곡선을 덮는 면이 항상 D를 벗어난다. **F**가 D에서 매끄럽다고 해도 D 바깥에서는 어떤지 모르고 따라서 스토크스의 정리의 성립도 보장되지 않는다. 이 정리는 C에서의 선적분과 S에서의 면적분을 연관짓는 것인데 만약 **F**가 S에서 매끄럽지 않으면 대부분의 경우에 정리가 성립하지 않는다.

수학자는 구의 내부나 두 개의 동심구 사이의 공간 같은 영역을 단순 연결 영역(simply connected region)이라 부른다. 반면에 토러스의 내부는 단순 연결 영역이 아니다. D안의 임의 곡선이 D를 벗어나지 않고 한 점으로 축소 가능할 때 D를 단순 연결 영역이라 정의한다. 이 정의에 의해서 구의 내부나 두 개의 동심구 사이의 영역은 단순 연결 영역이고 토러스의 내부는 단순 연결 영역이 아니라는 것을 알 수 있다. 단순 연결의 개념을 써서 스토크스의 정리가 성립하는 조건을 나타낼 수 있다. 벡터 함수 **F**는 단순 연결 영역 D의 모든 점에서 매끄러워야 한다. 이 때 D안의 임의의 닫힌 곡선 C와 임의의 덮는 면 S에서 스토크스의 정리[식(III-13)]가 성립한다.

대부분의 경우에 함수는 매끄럽고 영역은 단순 연결 영역이라고 가정한다. 그러나 다음 절에서와 같이 단순 연결성이 중요한 경우가 있다.

경로 무관성과 회전

순환 법칙의 미분형을 다루면서 정전기장 **E**를 임의의 닫힌 경로에서 선적분 한 값이 0이면 **E**의 회전이 0인 것을 보였다. 임의 벡터 함수 **F**의 경우도 마찬가지이다. 즉 모든 닫힌 경로 C에서

$$\oint_C \mathbf{F} \cdot \hat{\mathbf{t}}\, ds = 0$$

이면

$$\nabla \times \mathbf{F} = 0$$

이다. 이것은 앞의 증명에서 **E**를 **F**로 바꾸어서 보일 수 있다.

이것의 역이 성립할까? 즉 $\nabla \times \mathbf{F}=0$이면 모든 닫힌 경로에서 **F**의 순환이 0인가? 언뜻 보면 그럴 것 같다. 스토크스의 정리와 $\nabla \times \mathbf{F}=0$이라는 가정에서

$$\oint_C \mathbf{F} \cdot \hat{\mathbf{t}}\, ds = \iint_S \hat{\mathbf{n}} \cdot \nabla \times \mathbf{F}\, dS = 0$$

이다. 그러나 이 논리에는 잘못이 있다. 스토크스의 정리가 성립하려면 단순 연결 영역에서 **F**가 매끄러워야 한다. 만약 단순 연결 영역이 아니면 영역 내의 어떤 닫힌 경로에서는 스토크스의 정리가 성립하지 않을 수도 있다. 따라서 $\nabla \times \mathbf{F}=0$은 닫힌 경로에서 **F**의 순환이 0이라는 것을 보장할 수 없다. 역에 대해서 다음과 같이 말할 수 있다. 단순 연결 영역의 모든 점에서 $\nabla \times \mathbf{F}=0$이면 그 영역 내의 모든 닫힌 경로에서 **F**의 순환이 0이다. '순환이 0이다' 와 '회전이 0이다' 라는 두 명제는 단순 연결 영역에서만 서로 같다.

순환과 회전에 대해서 다음과 같이 말할 수도 있다. 만약 $\int_C \mathbf{F} \cdot \hat{\mathbf{t}}\, ds$가 경로에 무관하면 $\nabla \times \mathbf{F}=0$이다. 그리고 단순 연결 영역에서 $\nabla \times \mathbf{F}=0$이면 $\int_C \mathbf{F} \cdot \hat{\mathbf{t}}\, ds$는 경로에 무관하다.

문제

III-1 쿨롱 힘이 경로에 무관하다는 것을 앞에서 보인 바 있다. 같은 방법으로 임의의 중심력 **F**에 대해서 $\int_C \mathbf{F} \cdot \hat{\mathbf{t}}\, ds$가 경로에 무관한 것을 증명하시오.

III-2 작은 직사각형 경로에서 적분을 하여 다음을 얻었다.

$$(\nabla \times \mathbf{F})_z = \frac{\partial F_y}{\partial x} - \frac{\partial F_x}{\partial y}$$

이 결과는 경로에 무관하다. 그 예로 다음의 삼각형 경로에서 위 식을 유도하시오.

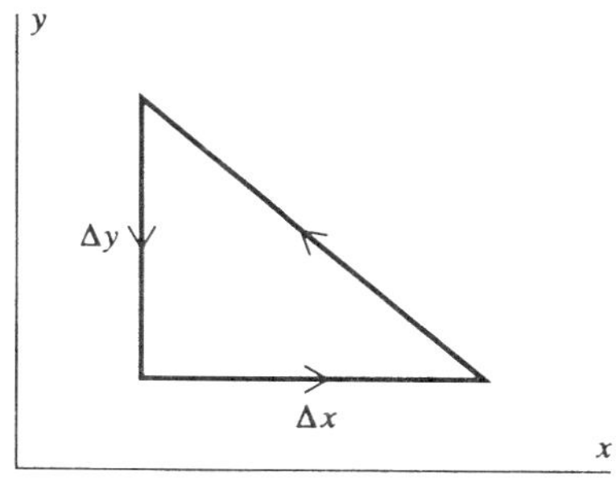

III-3 다음 함수들의 회전을 식(III-7b)를 써서 구하시오.

(a) $\mathbf{i}z^2 + \mathbf{j}x^2 - \mathbf{k}y^2$.
(b) $3\mathbf{i}xz - \mathbf{k}x^2$.
(c) $\mathbf{i}e^{-y} + \mathbf{j}e^{-z} + \mathbf{k}e^{-x}$.
(d) $\mathbf{i}yz + \mathbf{j}xz + \mathbf{k}xy$.
(e) $-\mathbf{i}yz + \mathbf{j}xz$.
(f) $\mathbf{i}x + \mathbf{j}y + \mathbf{k}(x^2 + y^2)$.
(g) $\mathbf{i}xy + \mathbf{j}y^2 + \mathbf{k}yz$.
(h) $(\mathbf{i}x + \mathbf{j}y + \mathbf{k}z)/(x^2 + y^2 + z^2)^{3/2}$, $(x, y, z) \neq (0, 0, 0)$.

III-4 (a) 문제 III-3(a)의 함수를 써서 $(x_0, y_0, 0)$이 중심이고 한 변이 s인 정사각형 경로에서 $\oint \mathbf{F} \cdot \hat{\mathbf{t}}\, ds$를 계산하시오. 이 경로는 xy평면 상에 있고 각 변은 x축이나 y축에 평행하다.

(b) (a)의 결과를 정사각형의 면적으로 나누고 s가 0으로 갈 때 이 비의 극한을 구하시오. 이것을 문제 III-3(a)에서 구한 회전의 z성분과 비교하시오.

(c) 문제 III-3(b), (c), (d)의 함수에 대해서 위를 반복하시오. 경로의 방향과 모양을 바꾸어서 해보시오.

III-5 (a) $\mathbf{F} = \mathbf{k}(y + y^2)$이다. 그림에서 삼각형의 변을 따라 $\oint \mathbf{F} \cdot \hat{\mathbf{t}}\, ds$를 구하시오(화살표가 적분 방향을 나타낸다).

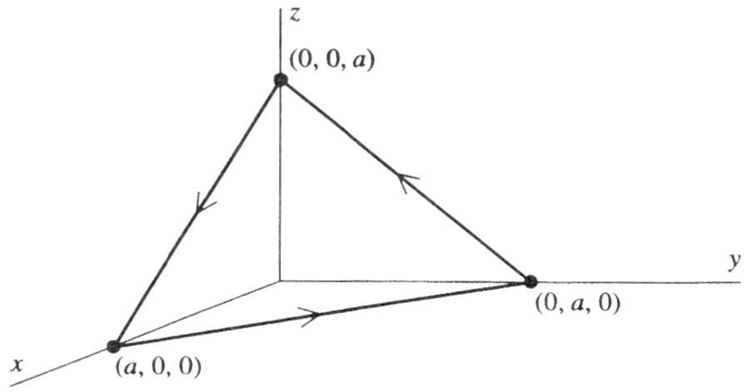

(b) (a)의 결과를 삼각형의 면적으로 나누고 a가 0으로 갈 때 그 극한을 구하시오.

(c) (b)의 결과가 (0, 0, 0)에서 계산한 $\hat{\mathbf{n}}\cdot\nabla\times\mathbf{F}$의 값과 같은 것을 보이시오. 여기서 $\hat{\mathbf{n}}$은 삼각형에 수직이고 원점에서 멀어지는 방향의 단위 벡터이다.

III-6 다음을 증명하시오.

$$\nabla\times\frac{\mathbf{A}\times\mathbf{r}}{2}=\mathbf{A}$$

여기서 $\mathbf{r}=\mathbf{i}x+\mathbf{j}y+\mathbf{k}z$이고 $\mathbf{A}$는 일정한 벡터이다.

III-7 $\nabla\cdot(\nabla\times\mathbf{F})=0$을 증명하시오. 편도함수에서 미분의 순서는 상관이 없다고 가정한다. 예: $\partial^2F_z/\partial x\partial z=\partial^2F_z/\partial z\partial x$

III-8 원통 좌표계에서 $\nabla\times\mathbf{F}$의 z 성분을 구하였다. 마찬가지로 하여 θ와 r 성분을 구하시오.

III-9 그림을 참고하여 구면 좌표계에서 $\nabla\times\mathbf{F}$의 세 성분을 구하시오.

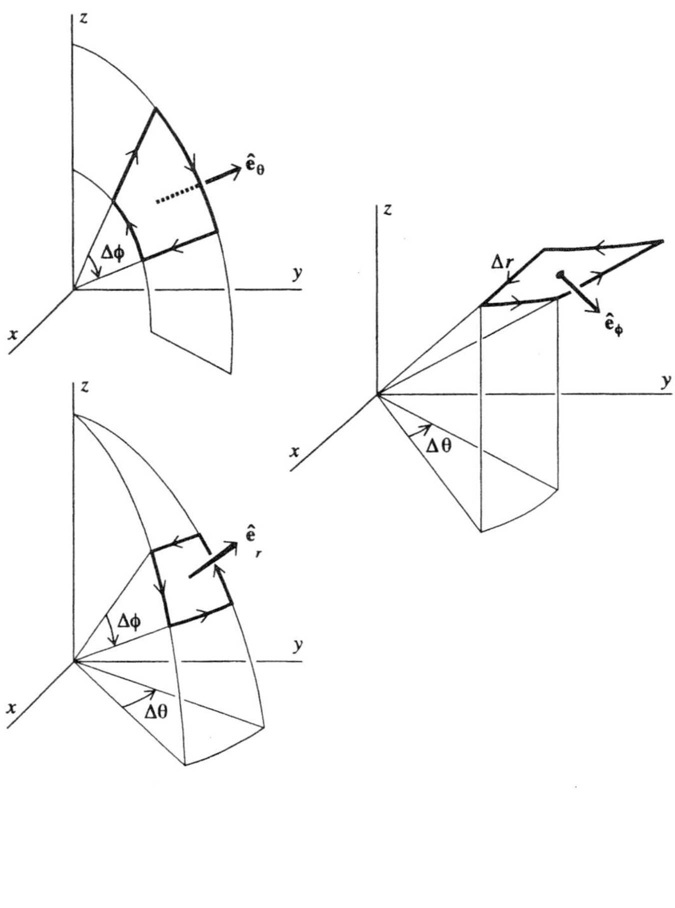

III-10 (a) 문제 III-3(e)의 함수를 원통 좌표로 나타내고 회전을 구하시오. 결과를 직각 좌표로 바꾸어서 문제 III-3(e)의 답과 비교하시오(문제 II-18 참고).

(b) 문제 III-3(f)의 함수에 대해 반복하시오.

III-11 (a) 문제 III-3(g)의 함수를 구면 좌표로 나타내고 회전을 구하시오. 결과를 직각 좌표로 바꾸어서 문제 III-3(g)의 답과 비교하시오(문제 II-19 참고).

(b) 문제 III-3(h)의 함수에 대해 반복하시오.

III-12 임의의 중심력은 다음 형태로 쓸 수 있다.

$$\mathbf{F}(r) = \hat{\mathbf{e}}_r f(r)$$

여기서 $\hat{\mathbf{e}}_r$은 반경 방향의 단위 벡터이고 f는 스칼라 함수이다. 회전을 직접 계산해서 이 함수가 비회전적인 것을 증명하시오(즉 $\nabla \times \mathbf{F} = 0$).

III-13 문제 III-3의 함수 중에서 어느 함수가 정전기장일 수 있는가?

III-14 스토크스의 정리를 써서 다음을 증명하시오.

$$\oint_C \hat{\mathbf{t}}\, ds = 0$$

여기서 C는 닫힌 곡선이고 $\hat{\mathbf{t}}$는 C에 접선인 단위 벡터이다.

III-15 스토크스의 정리

$$\oint_C \mathbf{F} \cdot \hat{\mathbf{t}}\, ds = \iint_S \hat{\mathbf{n}} \cdot \nabla \times \mathbf{F}\, dS$$

가 다음의 각 경우에 성립하는 것을 보이시오.

(a) $\mathrm{F} = \mathbf{i}z^2 - \mathbf{j}y^2$

C는 xz평면에서 한 변이 1인 정사각형이고 방향은 그림에 표시되어 있다. S는 그림의 5개 정사각형 S_1, S_2, S_3, S_4, S_5이다.

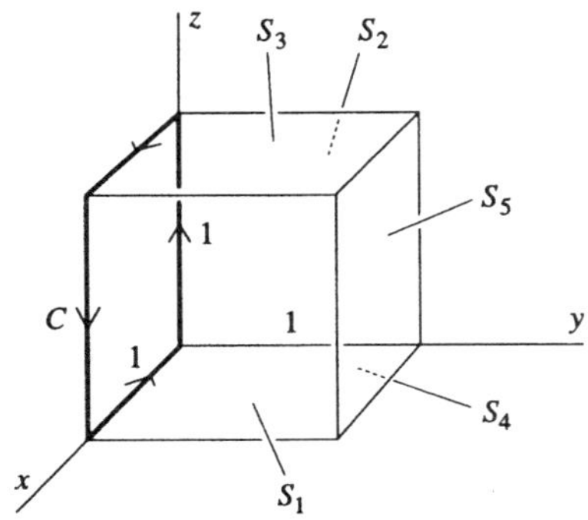

(b) $\mathbf{F} = \mathbf{i}y + \mathbf{j}z + \mathbf{k}x$

C는 그림처럼 1/4원 C_1, C_2, C_3이고 S는 구 $x^2+y^2+z^2=1$에서 C로 둘러싸인 1/8구면이다.

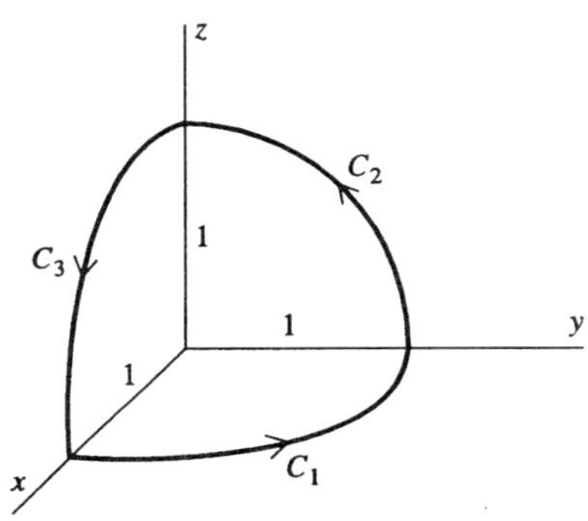

(c) $\mathbf{F} = \mathbf{i}y - \mathbf{j}x + \mathbf{k}z$

C는 xy평면에서 반경이 R이고 중심이 (0, 0, 0)인 원이다. S는 반경이 R이고 높이가 h인 원기둥의 곡면과 윗면이다.

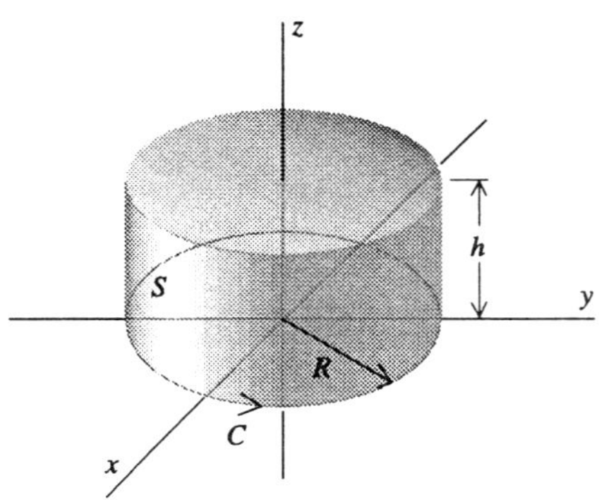

III-16 (a) 어떤 벡터 함수가 있어서 두 닫힌 곡선 C_1과 C_2 상과 그 둘 사이의 영역을 덮는 임의의 면 S에서 $\nabla \times \mathbf{F} = 0$이다(그림). C_1에서 $\mathbf{F}$의 순환과 C_2에서 $\mathbf{F}$의 순환이 같은 것을 증명하시오.

순환을 계산하는 방향은 그림의 화살표 방향이다.

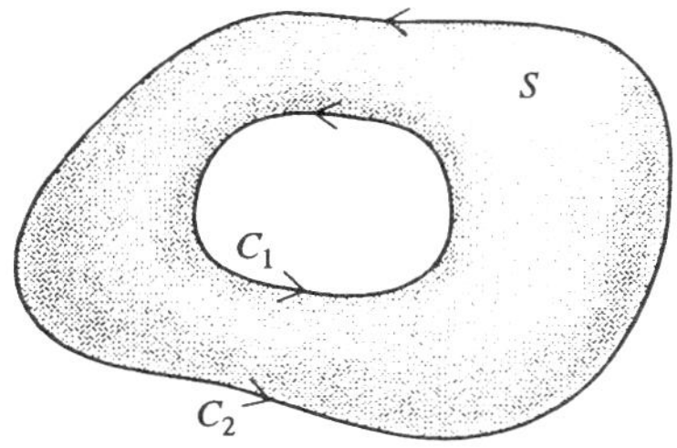

(b) 일정한 전류 I가 무한히 긴 직선 도선에 흐를 때 자기장은 $\mathbf{B}=(\mu_0 I/2\pi r)\hat{\mathbf{e}}_\theta$이다. $r=0$을 제외한 모든 곳에서 $\nabla\times\mathbf{B}=0$ 임을 보이시오.

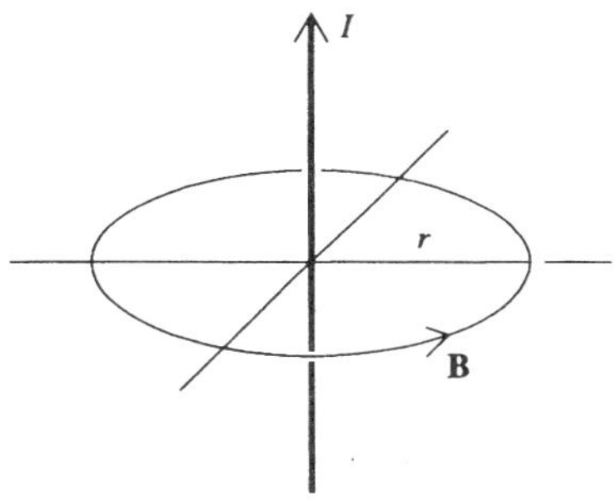

(c) (b)의 도선의 자기장에 대해서 암페어의 법칙이 성립하는 것을 증명하시오. [*힌트* : (b)의 결과를 이용해서 원주에서 **B**의 순환을 구한다. 이 때 도선은 원의 중심을 지나고 그 평면에 수직이다. 그리고 (a)의 결과를 써서 이 순환과 전류를 포함하는 임의 곡선의 순환을 연관시킨다.]

III-17 (a) 함수가 원통 좌표로 주어진다.

$$\mathbf{F}(r,\theta,z)=\frac{\hat{\mathbf{e}}_\theta}{r}$$

이 함수에 대해서 스토크스의 정리가 성립하지 않는 것을 보이시오. 여기서 C는 xy 평면에서 원점이 중심이고 반경이 R인 원이다. 그리고 S는 원 안의 평면이다. 이 경우에 정리가 왜 성립하지 않는가?

(b) 영역 D는 3차원에서 z 축을 제외한 모든 공간이다. (a)에서 정의된 함수 **F**는 D에서 매끄러운가? D에서 스토크스의 정리는 성립하는가? D는 단순 연결 영역인가?

III-18 회로 C에서 기전력 $\mathscr{E}$는 회로의 둘레를 따라서 구한, 전기장 **E**의 순환과 같다.

$$\mathscr{E} = \oint_C \mathbf{E} \cdot \hat{\mathbf{t}}\, ds$$

파라데이(Faraday)는 정지한 회로에서 변하는 자속(magnetic flux)에 의해 기전력이 유도된다는 것을 발견하였다. 즉

$$\mathscr{E} = -\frac{d\Phi}{dt}$$

$$\Phi = \iint_S \mathbf{B} \cdot \hat{\mathbf{n}}\, dS$$

이다. 여기서 t는 시간이다(접선 벡터 $\hat{\mathbf{t}}$와 혼동하지 마시오). S는 C를 덮는 임의의 면이다. 이것과 스토크스의 정리를 써서 다음 식을 유도하시오.

$$\nabla \times \mathbf{E} = -\frac{\partial \mathbf{B}}{\partial t}$$

이 식은 맥스웰 식 중 하나이다.

III-19 선적분 $\int_C \mathbf{F} \cdot \hat{\mathbf{t}}\, ds$의 값을 구하시오.

$$\mathbf{F} = (e^{-y} - ze^{-x})\mathbf{i} + (e^{-z} - xe^{-y})\mathbf{j} + (e^{-x} - ye^{-z})\mathbf{k}$$

이고 C는 (0, 0, 0)에서 (1, 1, 1)까지의 경로로서 다음 식으로 주어진다.

$$\left.\begin{aligned} x &= \frac{1}{\ln 2}\ln(1+p), \\ y &= \sin\frac{\pi p}{2}, \\ z &= \frac{1-e^p}{1-e}, \end{aligned}\right\} \quad 0 \le p \le 1$$

III-20 맥스웰 식은 다음과 같다.

$$\nabla \cdot \mathbf{E} = \rho/\epsilon_0, \qquad \nabla \cdot \mathbf{B} = 0,$$

$$\nabla \times \mathbf{E} = -\frac{\partial \mathbf{B}}{\partial t}, \qquad \nabla \times \mathbf{B} = \epsilon_0\mu_0\frac{\partial \mathbf{E}}{\partial t} + \mu_0\mathbf{J}$$

여기서 **E**는 전기장, **B**는 자기장, ρ는 전하 밀도, **J**는 전류 밀도이다. 맥스웰 식을 이용해서 연속식을 유도하시오.

$$\nabla \cdot \mathbf{J} + \frac{\partial \rho}{\partial t} = 0$$

이 식의 의미는 무엇인가?

III-21 전자기장은 에너지를 저장한다. 부피 V에 저장된 전자기 에너지의 양은

$$\iiint_V \rho_E \, dV$$

이다. 여기서 에너지 밀도는 다음과 같다.

$$\rho_E = \tfrac{1}{2}(\epsilon_0 \mathbf{E} \cdot \mathbf{E} + \mathbf{B} \cdot \mathbf{B}/\mu_0) = \tfrac{1}{2}(\epsilon_0 E^2 + B^2/\mu_0)$$

맥스웰 식(문제 III-20)을 이용해서 다음 식을 유도하시오.

$$\frac{\partial \rho_E}{\partial t} + \nabla \cdot \left(\frac{\mathbf{E} \times \mathbf{B}}{\mu_0} \right) = -\mathbf{J} \cdot \mathbf{E}$$

이 식의 의미는 무엇인가?

III-22 (a) 다음 함수에 발산 정리를 적용한다.

$$\mathbf{G}(x, y) = \mathbf{i}G_x(x, y) + \mathbf{j}G_y(x, y)$$

부피 V와 면 S는 그림과 같다. 밑면은 xy평면의 영역 R이고 윗면은 같은 모양이며 밑면과 평행하다. 옆면은 z축과 평행하다. 다음 식을 얻으시오.

$$\oint_C G_x \, dy - G_y \, dx = \iint_R \left(\frac{\partial G_x}{\partial x} + \frac{\partial G_y}{\partial y} \right) dx \, dy$$

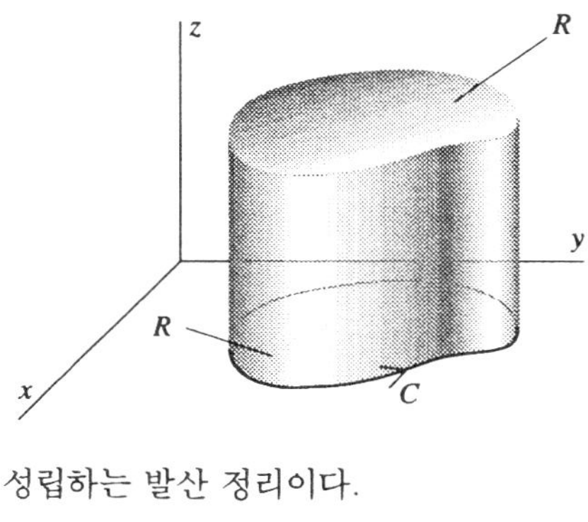

이것이 2차원에서 성립하는 발산 정리이다.

(b) 다음 함수에 스토크스의 정리를 적용한다.

$$\mathbf{F}(x, y) = \mathbf{i}F_x(x, y) + \mathbf{j}F_y(x, y)$$

여기서 C는 xy평면에서 닫힌 곡선이고 S는 C에 둘러싸인 xy평면의 영역 R이다. 다음 식을 얻으시오.

$$\oint_C F_x\,dx + F_y\,dy = \iint_R \left(\frac{\partial F_y}{\partial x} - \frac{\partial F_x}{\partial y}\right) dx\,dy$$

이것이 2차원에서 성립하는 스토크스의 정리이다.

(c) 2차원에서 발산 정리와 스토크스의 정리는 같다는 것을 증명하시오.

III-23 (a) C는 xy평면에서 닫힌 곡선이다.

$$\oint_C \mathbf{F} \cdot \hat{\mathbf{t}}\,ds = A$$

가 성립하려면 함수 **F**는 어떤 조건을 만족해야 하는가? 여기서 A는 C에 둘러싸인 면적이다. [*힌트* : 문제 III-22를 보시오.]

(b) (a)의 조건을 만족하는 함수 **F**의 예를 드시오.

(c) 선적분을 써서 다음의 면적을 나타내는 식을 구하시오.

(i) 직사각형 (ii) 직각 삼각형 (iii) 원

(d) 평면에서 곡선 C에 둘러싸인 면적이

$$\frac{1}{2}\oint_C \mathbf{r} \times \hat{\mathbf{t}}\,ds$$

의 크기인 것을 증명하시오. 여기서 $\mathbf{r}=\mathbf{i}x+\mathbf{j}y$이다.

III-24 (a) 벡터 미적분학에서 중요한 정리가 다음과 같다. $\nabla\cdot\mathbf{G}=0$ 이면 $\mathbf{G}=\nabla\times\mathbf{H}$이고 그 역도 성립한다. 여기서 **G**와 **H**는 미분 가능한 벡터 함수이다. 이것을 증명하자. 먼저 $\mathbf{G}=\nabla\times\mathbf{H}$이면 $\nabla\cdot\mathbf{G}=0$이다(문제 III-7 참조). $\nabla\cdot\mathbf{G}=0$ 이면 $\mathbf{G}=\nabla\times\mathbf{H}$로 쓸 수 있다는 것을 증명하기 위해 **H**를 다음과 같이 놓는다.

$$H_x = 0,$$

$$H_y = \int_{x_0}^{x} G_z(x', y, z)\,dx',$$

$$H_z = -\int_{x_0}^{x} G_y(x', y, z)\,dx' + \int_{y_0}^{y} G_x(x_0, y', z)\,dy'$$

여기서 x_0, y_0는 임의 상수이다. 직접 계산을 해서 $\nabla\cdot\mathbf{G}=0$이면 $\mathbf{G}=\nabla\times\mathbf{H}$인 것을 보이시오.

(b) (a)에서 주어진 벡터 함수 **H**는 유일한가? 즉 **H**가 달라져도 여전히 $\mathbf{G}=\nabla\times\mathbf{H}$일 수 있는가?

III-25 다음에서 어느 경우에 $\mathbf{G}=\nabla\times\mathbf{H}$로 쓸 수 있는가? 가능한 경우 **H**를 구하시오(문제 III-24 참조).

(a) $\mathbf{G} = \mathbf{i}y + \mathbf{j}z + \mathbf{k}x$.
(b) $\mathbf{G} = B_0\mathbf{k}$, B_0는 상수.
(c) $\mathbf{G} = \mathbf{i}x^2 - \mathbf{k}y^2$.
(d) $\mathbf{G} = 2\mathbf{i}x - \mathbf{j}y - \mathbf{k}z$.
(e) $\mathbf{G} = 2\mathbf{i}x - \mathbf{j}y + \mathbf{k}z$.

III-26 자기장 **B**의 발산은 0이므로 $\mathbf{B}=\nabla\times\mathbf{A}$로 쓸 수 있다(문제 III-24 참조). 임의의 닫힌 곡선 C에서 **A**의 순환은, C를 덮는 임의면 S를 지나는 **B**의 플럭스와 같은 것을 증명하시오.

III-27 문제 III-24(a)의 명제를 스토크스의 정리와 발산 정리를 활용하여 증명하시오.[*힌트* : 그림 참조]

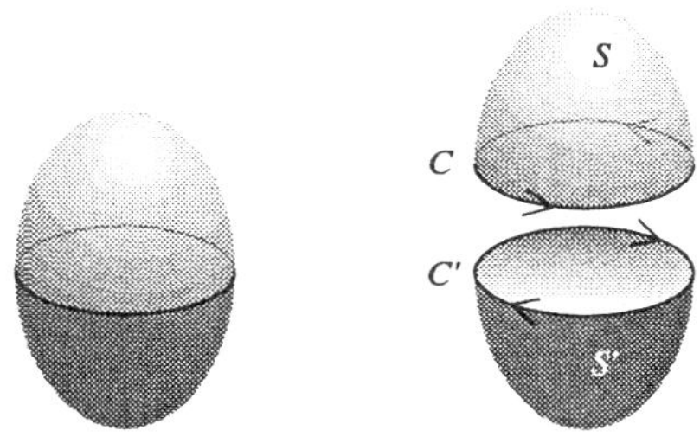

III-28 (a) 식 $\mathbf{G}=\nabla\times\mathbf{H}$의 적분형은 무엇인가?[*힌트* : 암페어 법칙의 미분형과 적분형을 비교하시오.]

(b) 문제 III-25에서 나온 **G**와 **H** 함수를 써서 (a)의 결과가 성립하는 것을 보이시오.

III-29 회전을 어떤 비의 극한으로 정의하였다. 다음 식은 회전의 다른 정의이다.

$$\nabla\times\mathbf{F} = \lim_{\Delta V\to 0}\frac{1}{\Delta V}\iint_S \hat{\mathbf{n}}\times\mathbf{F}\,dS$$

여기서 **F**는 위치의 벡터 함수이고, 부피 ΔV를 둘러싼 닫힌 면 S에서 적분을 한다. 그리고 $\hat{\mathbf{n}}$은 S에 수직인 단위 벡터로서 부피에서 바깥으로 향하고 있다. 이 정의는 회전의 기하적 의미를 먼저의 정의처럼 보여주지는 못하지만 성분이 아니라 $\nabla\times\mathbf{F}$ 그 자체를 나타내는 것이 특징이다.

(a) 발산을 다룰 때와 같이 '직육면체'에서 적분을 하여 위의 정의로부터 식(III-7b)가 나오는 것을 보이시오.

(b) 발산 정리를 이끌어내던 논리와 위의 정의에서 다음 식을 유도하시오.

$$\iint_S \hat{\mathbf{n}} \times \mathbf{F}\, dS = \iiint_V \nabla \times \mathbf{F}\, dV$$

여기서 V는 S에 둘러싸인 부피이다.

(c) 발산 정리에서 (b)의 결과를 직접 유도하시오.[힌트 : 발산 정리[식(II-30)]에서 $\mathbf{F}$를 $\mathbf{e}\times\mathbf{F}$로 바꾼다. $\mathbf{e}$는 임의의 일정한 벡터이다.]

(d) $\mathbf{F}=\mathbf{i}y-\mathbf{j}z+\mathbf{k}x$일 때 (b)의 식이 성립하는 것을 보이시오. V는 그림과 같은 정육면체이다.

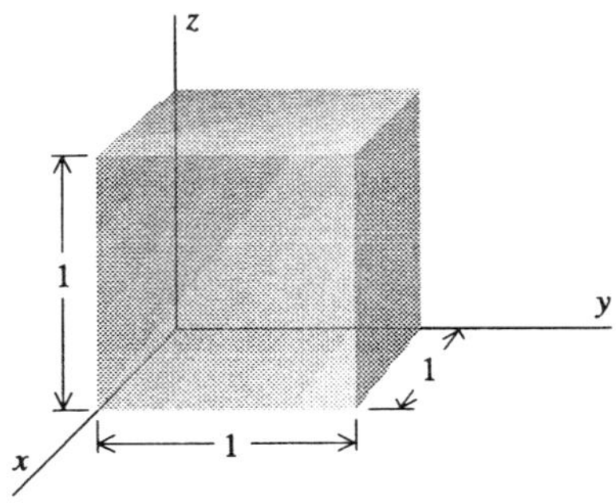

III-30

$$(\nabla \times \mathbf{F})_z = \frac{\partial F_y}{\partial x} - \frac{\partial F_x}{\partial y}$$

이 식은 직사각형이나 직각 삼각형(문제 III-2)에서 $\mathbf{F}$의 순환을 계산해서 얻었다. 이 문제에서는 xy평면 상의 임의의 닫힌 곡선에서 순환을 계산해도 같은 결과가 나온다는 것을 보일 것이다.

(a) xy평면 상의 임의의 닫힌 곡선 C를 그림과 같이 다각형 P로 근사한다. P안의 면적을 N개의 조각으로 나눈다. l번째 조각의 면적은 ΔS_l이다. 조각의 모양으로 직사각형이나 직각 삼각형의 두 종류만 있으면 나눌 수 있다는 것을 그려서 확인하시오.

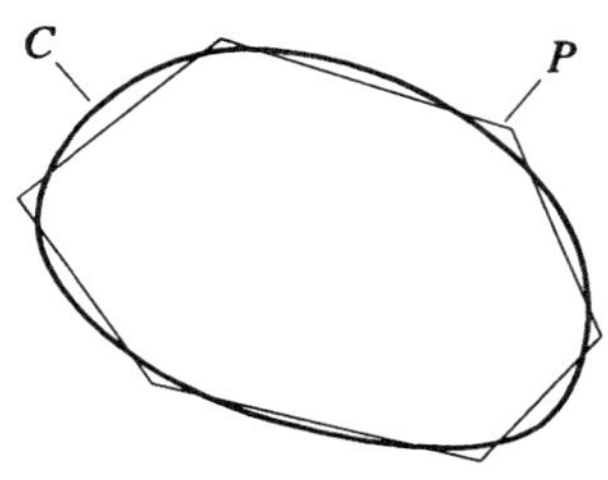

(b) $C(x, y)=\partial F_y/\partial x-\partial F_x/\partial y$로 놓는다. 테일러 급수를 이용해서 N이 크고 각 ΔS_l이 작을 때 다음 식이 성립하는 것을 보이시오.

$$\oint_P \mathbf{F} \cdot \hat{\mathbf{t}}\, ds = \sum_{l=1}^{N} \oint_{C_l} \mathbf{F} \cdot \hat{\mathbf{t}}\, ds$$
$$\cong C(x_0, y_0)\,\Delta A + \left(\frac{\partial C}{\partial x}\right)_{x_0, y_0} \sum_{l=1}^{N} (x_l - x_0)\,\Delta S_l$$
$$+ \left(\frac{\partial C}{\partial y}\right)_{x_0, y_0} \sum_{l=1}^{N} (y_l - y_0)\,\Delta S_l + \cdots,$$

여기서 C_l은 l번째 조각의 둘레이고 (x_0, y_0)는 P안의 어떤 점, ΔA는 P안의 면적이다.

(c) 다음을 보이시오.

$$\lim_{\substack{N\to\infty \\ \text{each } \Delta S_l \to 0}} \oint_P \mathbf{F} \cdot \hat{\mathbf{t}}\, ds = \oint_C \mathbf{F} \cdot \hat{\mathbf{t}}\, ds$$
$$= \left[C(x_0, y_0) + (\bar{x} - x_0)\left(\frac{\partial C}{\partial x}\right)_{x_0, y_0} + (\bar{y} - y_0)\left(\frac{\partial C}{\partial y}\right)_{x_0, y_0} + \cdots \right] \Delta S,$$

여기서 ΔS는 C에 둘러싸인 영역 R의 면적이고 $(\bar{x}, \bar{y})$는 영역 R에서 중심의 좌표이다.

$$\bar{x} = \frac{1}{\Delta S} \iint_R x\, dx\, dy, \quad \bar{y} = \frac{1}{\Delta S} \iint_R y\, dx\, dy$$

(d) 끝으로 다음을 계산하시오.

$$(\nabla \times \mathbf{F})_z = \lim_{\substack{\Delta S \to 0 \\ \text{about } x_0, y_0}} \frac{1}{\Delta S} \oint_C \mathbf{F} \cdot \hat{\mathbf{t}}\, ds$$

CHAPTER

04 그래디언트

선적분과 그래디언트

앞에서 다음 두 명제의 관계를 논하였다.

1. 임의의 닫힌 곡선 C에서 $\oint_C \mathbf{F} \cdot \hat{\mathbf{t}}\, ds = 0$
2. $\nabla \times \mathbf{F} = 0$

1은 2를 의미하며 $\mathbf{F} \cdot \hat{\mathbf{t}}$의 선적분이 경로에 무관하다는 것과 같다. 그리고 2는 $\mathbf{F}$가 단순 연결 영역에서 매끄러운 경우 1을 의미한다. 다음은 이에 관한 세 번째 명제를 다루기로 한다.

어떤 벡터 함수 $\mathbf{F}(x, y, z)$에 대해 이와 관련된 스칼라 함수 $\psi(x, y, z)$가 있어서 두 함수 사이의 관계가 다음과 같다.

$$F_x = \frac{\partial \psi}{\partial x}, \qquad F_y = \frac{\partial \psi}{\partial y}, \qquad F_z = \frac{\partial \psi}{\partial z} \tag{IV-1}$$

위의 관계식이 성립하면 $\mathbf{F} \cdot \hat{\mathbf{t}}$의 선적분은 경로에 무관하다. 이것을 증명하기 위해 식(IV-1)과 단위 접선 벡터에 관한 식을 쓰면

$$\mathbf{F} \cdot \hat{\mathbf{t}} = \frac{\partial \psi}{\partial x}\frac{dx}{ds} + \frac{\partial \psi}{\partial y}\frac{dy}{ds} + \frac{\partial \psi}{\partial z}\frac{dz}{ds} = \frac{d\psi}{ds}$$

이다. 여기서 두 번째 등호는 다변수 미적분학의 연쇄 법칙에서 나왔다. 두 점 (x_0, y_0, z_0)와 (x_1, y_1, z_1)을 잇는 경로 C에 대해

$$\int_C \mathbf{F} \cdot \hat{\mathbf{t}}\, ds = \int_C \frac{d\psi}{ds}\, ds = \int_C d\psi$$

$$= \psi(x_1, y_1, z_1) - \psi(x_0, y_0, z_0)$$

이다. 이 결과는 경로 C의 처음과 끝, 두 점에만 의존한다. 두 점을 잇는 어떤 경로에 대해서도 결과는 같다. 이로써 $\mathbf{F}$와 ψ가 식(IV-1)을 만족하면 $\mathbf{F} \cdot \hat{\mathbf{t}}$의 선적분이 경로에 무관한 것이 증명되었다. 이 명제의 역도 성립한다는 것을 보이겠다. 즉 $\mathbf{F} \cdot \hat{\mathbf{t}}$의 선적분이 경로에 무관하면 $\mathbf{F}$와 식(IV-1)로 관련되는 스칼라 함수 $\psi(x, y, z)$가 존재한다.

선적분 $\int_C \mathbf{F} \cdot \hat{\mathbf{t}}\, ds$가 경로에 무관하므로 고정된 점 $P_0(x_0, y_0, z_0)$에서 두 번째 점 $P(x, y, z)$까지 적분하면 그 결과는 좌표 (x, y, z)의 스칼라 함수이다.

$$\psi(x, y, z) = \int_{(x_0,y_0,z_0)}^{(x,y,z)} \mathbf{F} \cdot \hat{\mathbf{t}}\, ds \qquad \text{(IV-2)}$$

적분이 경로에 의존하는 경우에는 적분값이 점 P의 좌표 (x, y, z) 뿐만 아니라 P_0와 P를 잇는 경로에도 의존하게 되므로 위 식처럼 쓸 수 없다.

적분이 경로에 무관하므로 적분 경로로서 원하는 곡선을 선택할 수 있다. 그림 IV-1 의 경로를 선택한다.

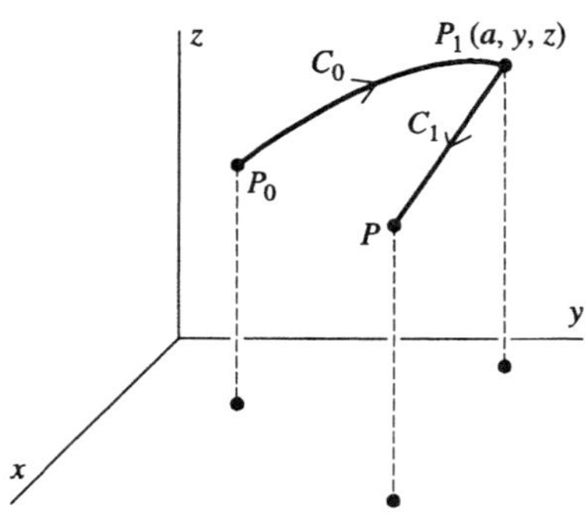

그림 IV-1

이 경로는 두 부분으로 이루어져 있는데 먼저 C_0는 P_0와 좌표가 (a, y, z)인 중간점 P_1을 잇는다. a는 상수이다. C_0는 두 점을 충분히 매끄럽게 잇기만 하면 된다. 경로의 두 번째는 C_1으로서 P_1에서 P까지 직선으로 잇는다. 식(IV-2)는

$$\psi(x, y, z) = \int_{P_0}^{P_1} \mathbf{F} \cdot \hat{\mathbf{t}}\, ds + \int_{P_1}^{P} F_x(x', y, z)\, dx'$$

가 된다. 이 식의 우변의 첫 항은 변수 x에 무관하다. 두번째 항은 y와 z가 C_1에서 상수이므로 보통의 1차원 적분에 불과하다.

$$\int_{P_1}^{P} F_x(x', y, z)\, dx' = \int_a^x F_x(x', y = \text{상수}\ \ , z = \text{상수}\ \ )\, dx'$$

이고 따라서

$$\begin{aligned} \frac{\partial\psi}{\partial x} &= \frac{d}{dx}\int_a^x F_x(x', y = \text{상수}\ \ , z = \text{상수}\ \ )\, dx' \\ &= F_x(x, y, z) \end{aligned}$$

이다. 여기서 적분을 그 상한으로 미분한 것은 피적분 함수에 상한을 대입한 것과 같다는 사실을 이용했다. 이로써 관계식 중 하나를 증명하였다. 마찬가지로 하여 다른 두 식 $F_y = \partial\psi/\partial y$, $F_z = \partial\psi/\partial z$도 얻을 수 있다. 그림 IV-2(a), (b)를 참고하시오.

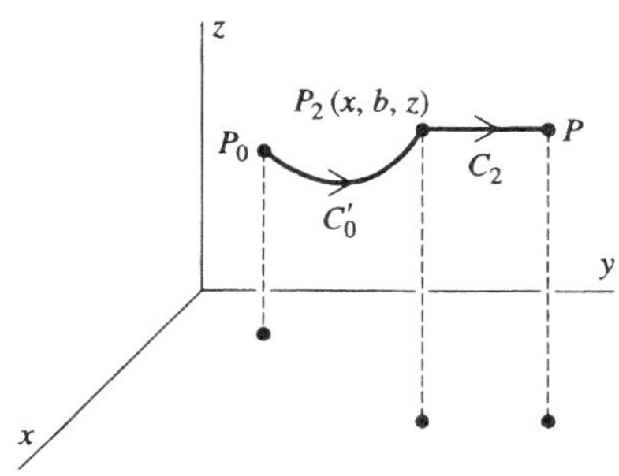

그림 IV-2(a)

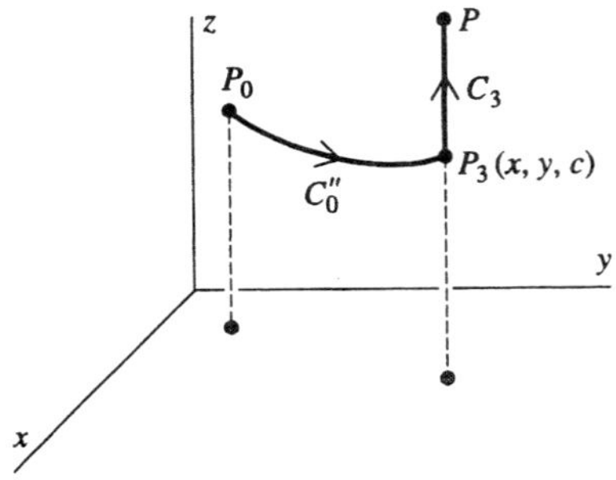

그림 IV-2(b)

델 표기를 사용하면

$$F_x = \frac{\partial\psi}{\partial x}, \qquad F_y = \frac{\partial\psi}{\partial y}, \qquad F_z = \frac{\partial\psi}{\partial z}$$

는

$$\mathbf{F} = \mathbf{i}\frac{\partial\psi}{\partial x} + \mathbf{j}\frac{\partial\psi}{\partial y} + \mathbf{k}\frac{\partial\psi}{\partial z}$$

$$= \left(\mathbf{i}\frac{\partial}{\partial x} + \mathbf{j}\frac{\partial}{\partial y} + \mathbf{k}\frac{\partial}{\partial z}\right)\psi = \nabla\psi$$

로 쓸 수 있다. 이 연산자를 그래디언트(gradient)라고 하며 gradψ라고도 쓴다. ψ의 그래디언트는 위치의 벡터 함수이다. 그 기하적 의미는 다음에 다룰 것이다.

이제 경로 무관성과, $\mathbf{F}=\nabla\psi$인 함수 $\psi(x, y, z)$의 존재가 관련이 있다는 것을 알게 되었다. 경로 무관성과 $\nabla\times\mathbf{F}=0$이 관련이 있으므로 $\nabla\times\mathbf{F}=0$과 $\mathbf{F}=\nabla\psi$또한 연관되었다고 추측할 수 있다. 실제로 $\mathbf{F}=\nabla\psi$이면 적당한 조건 하에서 $\nabla\times\mathbf{F}=0$이다. 예를 들어 $\nabla\times\mathbf{F}$의 x성분은

$$(\nabla\times\mathbf{F})_x = \frac{\partial F_z}{\partial y} - \frac{\partial F_y}{\partial z} = \frac{\partial}{\partial y}\left(\frac{\partial\psi}{\partial z}\right) - \frac{\partial}{\partial z}\left(\frac{\partial\psi}{\partial y}\right)$$

$$= \frac{\partial^2\psi}{\partial y\,\partial z} - \frac{\partial^2\psi}{\partial z\,\partial y} = 0$$

이다. ψ와 그것의 1계, 2계 도함수가 연속이면 $\partial^2\psi/\partial y\partial z=\partial^2\psi/\partial z\partial y$인 것을 써서 마지막 등호를 얻었다. $\nabla\times\mathbf{F}$의 다른 두 성분도 마찬가지로 0이다. 즉

$$F_q = \frac{\partial\psi}{\partial q} \qquad (q = x, y, z) \qquad \Rightarrow \qquad \nabla \times \mathbf{F} = 0$$

이다.

이것의 역은 $\nabla\times\mathbf{F}=0$이면 어떤 스칼라 함수 ψ가 존재하여 $\mathbf{F}=\nabla\psi$라는 것이다. 이것은 주어진 영역이 단순 연결 영역일 때 성립한다. 이를 이해하기 위해 그림 IV-3을 보자.

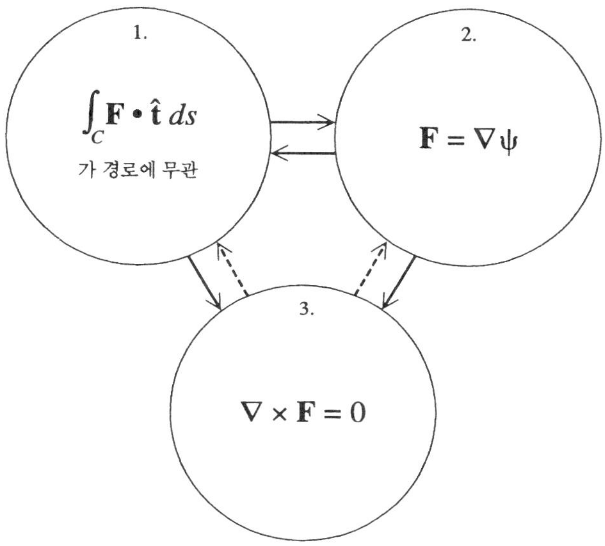

그림 IV-3

실선 화살표는 **F**가 매끄러울 때 성립하는 것을, 점선 화살표는 **F**가 매끄럽고 주어진 영역이 단순 연결 영역일 때 성립하는 것을 의미한다. 그림에서 1이면 2와 3이 성립하고, 단순 연결 영역일 때 3이면 1이 성립하는 것을 앞에서 보였다. 이것을 이용해서 단순 연결 영역일 때 3이면 2가 성립하는 것을 알 수 있다.

실제로 다루는 함수는 대개 연속인 1계 도함수를 가지며(즉 매끄럽다) 주어진 영역은 단순 연결 영역이다. 이런 경우에 그림 IV-3의 세 명제는 모두 같다. 아무튼 세 명제의 관계에서 단순 연결성이 필요한 경우를 알아야 할 것이다.

논의한 내용의 간단한 예를 들기 위해 다음 벡터 함수를 고려하자.

$$\mathbf{F}(x, y, z) = \mathbf{i}y + \mathbf{j}x$$

이 함수는 모든 점에서 매끄럽고 그 회전은 0이다. 이것은 어떤 스칼라 함수 $\psi(x, y, z)$가 존재하여 **F**가 그 함수의 그래디언트라는 것을 의미한다. 즉 ψ는

$$F_x = y = \frac{\partial \psi}{\partial x}, \qquad F_y = x = \frac{\partial \psi}{\partial y}, \qquad F_z = 0 = \frac{\partial \psi}{\partial z}$$

를 만족시켜야 한다. $\psi(x, y, z)=xy+C$, C는 임의 상수, 는 이 관계를 분명히 만족시킨다. 반면에 $\mathbf{F}=\mathbf{i}y-\mathbf{j}x$이면 그 회전이 0이 아니다. **F**가 어떤 함수의 그래디언트가 되려면

$$F_x = y = \frac{\partial \psi}{\partial x}, \qquad F_y = -x = \frac{\partial \psi}{\partial y}, \qquad F_z = 0 = \frac{\partial \psi}{\partial z}$$

를 만족시켜야 되는데 이러한 ψ는 없다.

스칼라 함수 $\psi(x, y, z)$의 그래디언트에 관한 표현

$$\nabla \psi = \mathbf{i}\frac{\partial \psi}{\partial x} + \mathbf{j}\frac{\partial \psi}{\partial y} + \mathbf{k}\frac{\partial \psi}{\partial z}$$

는 실은 직각 좌표계에서 이 연산자의 형태일 뿐이다. 다른 좌표계에서 쓰이는 그래디언트의 형태를 구하는 일은 번거로울 수 있다. 예를 들어 원통 좌표계에서 이것을 구하려면 먼저 직각 좌표계의 단위 벡터 **i**, **j**, **k**를 원통 좌표계의 단위 벡터 $_r$, $_\theta$, $_z$로 나타낸다. 다음에 $x=r\cos\theta$, $y=r\sin\theta$와 연쇄 법칙을 써서 x, y, z에 관한 미분을 r, θ, z에 관한 미분으로 바꾼다. 후에 더 간단하고 빠른 방법을 설명할 것이다. 지금은 원통 및 구면 좌표계에서 쓰이는 그래디언트의 형태를 단순히 제시한다.

원통 :

$$\nabla \psi = \hat{\mathbf{e}}_r \frac{\partial \psi}{\partial r} + \hat{\mathbf{e}}_\theta \frac{1}{r}\frac{\partial \psi}{\partial \theta} + \hat{\mathbf{e}}_z \frac{\partial \psi}{\partial z} \tag{IV-3}$$

구면 :

$$\nabla \psi = \hat{\mathbf{e}}_r \frac{\partial \psi}{\partial r} + \hat{\mathbf{e}}_\phi \frac{1}{r}\frac{\partial \psi}{\partial \phi} + \hat{\mathbf{e}}_\theta \frac{1}{r\sin\phi}\frac{\partial \psi}{\partial \theta} \tag{IV-4}$$

발산[식(II-17)]과 회전[식(III-8)]의 정의처럼 좌표계에 무관한 그래디언트의 정의는 문제 IV-25에서 다루고 있다.

정전기장의 계산

벡터 미적분학을 논의하면서부터 정전기장을 구할 수 있는 방법을 찾아 왔다. 이 과정에서 가우스의 법칙의 미분형을 얻었다.

$$\nabla \cdot \mathbf{E} = \rho/\epsilon_0$$

그런데 이 표현은 **E**를 구하는데 쓸모가 있지는 않다. 왜냐하면 하나의 식에 세 개의 미지수(직각 좌표계에서는 E_x, E_y, E_z)가 있기 때문이다. 이제 장을 구하는 많은 경우에 가장 유용한 식을 알아보자.

임의의 닫힌 경로 C에서

$$\oint_C \mathbf{E} \cdot \hat{\mathbf{t}}\, ds = 0$$

이므로 전기장 **E**는 스칼라 함수의 그래디언트로 나타낼 수 있다. 이 함수를 정전 포텐셜(electrostatic potential)이라 하며 $\Phi(x, y, z)$로 쓴다.[1)]

$$\mathbf{E} = -\nabla\Phi$$

이 식과 가우스의 법칙의 미분형에서

$$\nabla \cdot (-\nabla\Phi) = \rho/\epsilon_0$$

$$\nabla \cdot (\nabla\Phi) = -\rho/\epsilon_0$$

를 얻는다. 좌변을 자세히 쓰면

$$\nabla \cdot (\nabla\Phi) = \left(\mathbf{i}\frac{\partial}{\partial x} + \mathbf{j}\frac{\partial}{\partial y} + \mathbf{k}\frac{\partial}{\partial z}\right) \cdot \left(\mathbf{i}\frac{\partial\Phi}{\partial x} + \mathbf{j}\frac{\partial\Phi}{\partial y} + \mathbf{k}\frac{\partial\Phi}{\partial z}\right)$$

$$= \frac{\partial^2\Phi}{\partial x^2} + \frac{\partial^2\Phi}{\partial y^2} + \frac{\partial^2\Phi}{\partial z^2},$$

이고

1) 음의 부호는 괜히 붙인 것이 아니다. 그래디언트의 기하적 의미 절에서 설명한다.

$$\frac{\partial^2\Phi}{\partial x^2}+\frac{\partial^2\Phi}{\partial y^2}+\frac{\partial^2\Phi}{\partial z^2}=-\rho/\epsilon_0 \qquad \text{(IV-5)}$$

이다. 식(IV-5)는 새로운 연산자 라플라시안(Laplacian)을 도입하여 간단히 쓸 수 있다. 이 연산자를 나타내는 기호는 ∇^2이다.

$$\begin{aligned}\nabla^2=\nabla\cdot\nabla&=\left(\mathbf{i}\frac{\partial}{\partial x}+\mathbf{j}\frac{\partial}{\partial y}+\mathbf{k}\frac{\partial}{\partial z}\right)\cdot\left(\mathbf{i}\frac{\partial}{\partial x}+\mathbf{j}\frac{\partial}{\partial y}+\mathbf{k}\frac{\partial}{\partial z}\right)\\&=\frac{\partial^2}{\partial x^2}+\frac{\partial^2}{\partial y^2}+\frac{\partial^2}{\partial z^2}.\end{aligned} \qquad \text{(IV-6)}$$

식(IV-5)는 다음과 같이 쓸 수 있다.

$$\nabla^2\Phi=-\rho/\epsilon_0 \qquad \text{(IV-7)}$$

식(IV-6)은 직각 좌표계에서 라플라시안의 표현이다. 원통과 구면 좌표계의 라플라시안은 다음 절에서 다룬다. 라플라시안에 관한 최적의 정의는

$$\nabla^2 f=\nabla\cdot(\nabla f)$$

이다. 여기서 f는 위치의 스칼라 함수로서 연속이다. 이 정의의 이점은 좌표계에 무관하다는 것이다.

식(IV-7)을 포와송(Poisson) 식이라 한다. 이 식은 선형 2계 편미분식으로서 하나의 미지수 [함수 $\Phi(x, y, z)$]를 갖는다. 이 식을 푸는 방법에 관한 많은 연구가 있다. 간단한 예를 다음 절에서 다룬다. 어떤 문제라도 Φ가 일단 알려지면 전기장은 $\mathbf{E}=-\nabla\Phi$를 써서 구하면 된다.

전하가 없는 공간의 임의점에서 전하 밀도 ρ는 0이고 포와송 식은

$$\nabla^2\Phi=0$$

이 된다. 이 식을 라플라스(Laplace) 식이라 하며 포와송 식보다 더 자주 쓰인다. 그 이유는 다음과 같다. 대개 전하는 여러 물체에 분포하고 장을 만든다. 물체 사이의 전하가 없는 공간에서 포텐셜을 구하고자 한다. 전기장은 포텐셜에서 계산할 수 있다. 간단한 경우에는 물체의 표면에서 포텐셜 값이 주어진다(그림 IV-4).

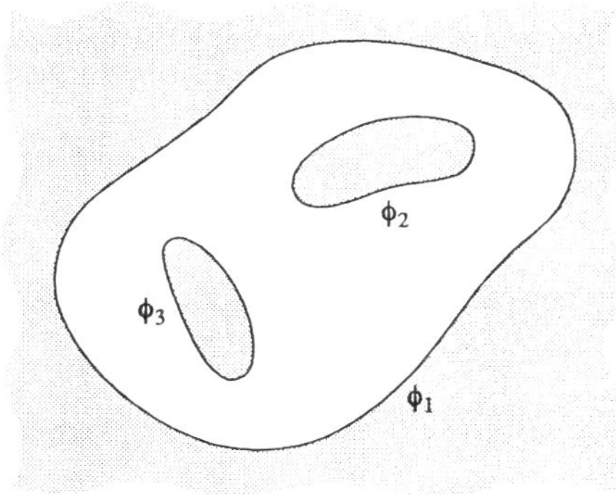

그림 IV-4

그러면 라플라스 식을 풀어서 표면에서 주어진 값을 갖는 해를 구한다. 이것을 다음 절에서 다룬다.

라플라스 식의 해[2)]

전기장을 계산하는 방법을 찾는 것이 논의되어 왔다. 라플라스 식은 그 과정의 결과물로서 몇 개의 예를 들기로 한다.

간단한 문제로 시작하자. 굉장히('무한히') 큰 두 개의 평행판이 거리 s만큼 떨어져 있다(그림 IV-5).

그림과 같은 좌표계에서 $x=0$인 위치의 판은 포텐셜이 0이고 $x=s$에서는 V_0이다. 두 판 사이의 공간에서 포텐셜과 전기장을 구하고자 한다. 판이 무한히 크기 때문에 점 (x, y, z)와, x좌표가 같은 점 (x, y', z')는 주위 환경이 동일하다. 따라서 포텐셜 Φ는 x에 의존하지만 y나 z에는 무관하다. 이 경우 $\nabla^2\Phi$는 $d^2\Phi/dx^2$이 된다. 라플라스 식과 경계 조건은 다음과 같다.

$$\frac{d^2\Phi}{dx^2} = 0$$

$$\Phi = \begin{cases} 0 & (x=0 \text{ 에서}) \\ V_0 & (x=s \text{ 에서}) \end{cases}$$

2) 이 절은 다음에 나오는 내용을 이해하는데 필수적이 아니므로 생략이 가능하다.

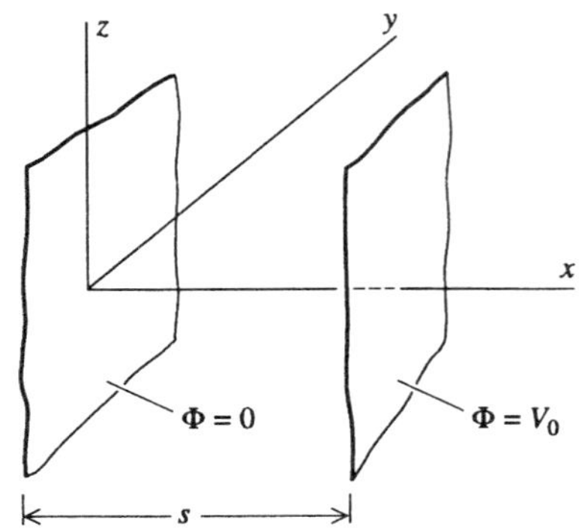

그림 IV-5

이 식은 간단히 풀리고 해는

$$\Phi(x) = \frac{V_0 x}{s}$$

이다. 전기장은 $\mathbf{E} = -\nabla\Phi$를 써서

$$E_x = \frac{-V_0}{s}, \quad E_y = E_z = 0$$

이다. 즉 전기장의 크기는 일정하며 판에 수직한 방향이다. 이것은 크기가 두께에 비해서 큰 평행판 축전기(capacitor)의 안에서 가장자리로부터 멀리 떨어진 위치의 포텐셜과 전기장에 대한 아주 좋은 근사이다.

두 번째 예는 구 모양의 축전기이다. 반경이 각각 R_1, R_2인 두 개의 동심구에서 안 쪽 구면의 포텐셜은 V_0이고 바깥 구면은 0이다(그림 IV-6).

두 구 사이의 모든 점에서 포텐셜과 전기장을 구하고자 한다. 구면 좌표계를 쓰는 것이 유리하다. 두 구 사이의 공간에서 라플라스 식은

$$\nabla^2\Phi = \frac{1}{r^2}\frac{\partial}{\partial r}\left(r^2\frac{\partial\Phi}{\partial r}\right) + \frac{1}{r^2 \sin\phi}\frac{\partial}{\partial\phi}\left(\sin\phi\,\frac{\partial\Phi}{\partial\phi}\right) + \frac{1}{r^2\sin^2\phi}\frac{\partial^2\Phi}{\partial\theta^2} = 0$$

이다(문제 IV-23). 여기서 Φ는 r에만 의존한다. 점 (r, θ, ϕ)와, r이 같은 다른 점 (r, θ', ϕ')에서 주위 환경이 서로 같기 때문이다. 즉

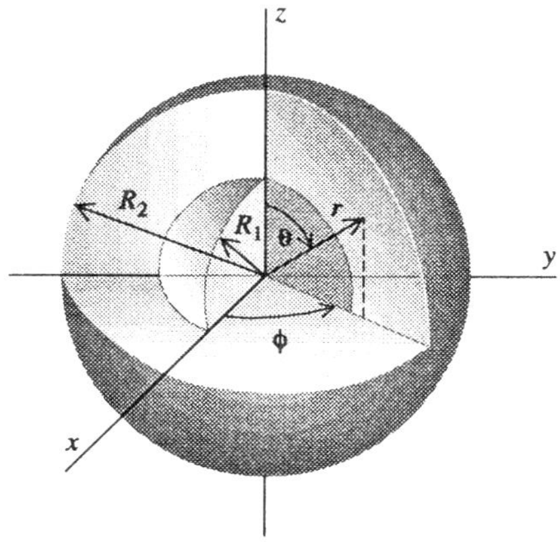

그림 IV-6

$$\frac{\partial \Phi}{\partial \theta} = \frac{\partial \Phi}{\partial \phi} = 0$$

이고 라플라스 식은

$$\frac{1}{r^2}\frac{d}{dr}\left(r^2\frac{d\Phi}{dr}\right) = 0 \tag{IV-8}$$

이 된다. $R_1 < r < R_2$일 때 이 식의 해를 구한다. 경계 조건은

$$\Phi(r) = \begin{cases} V_0, & r = R_1 \\ 0\ , & r = R_2 \end{cases}$$

이다. 식(IV-8)에 r^2을 곱하고 $\psi = d\Phi/dr$이라 하면

$$\frac{d}{dr}(r^2\psi) = 0$$

이다. 따라서

$$r^2\psi = c_1$$

이다. 여기서 c_1은 상수이다.

$$\psi = \frac{d\Phi}{dr} = \frac{c_1}{r^2}$$

에서 다음을 얻는다.

$$\Phi = -\frac{c_1}{r} + c_2 \qquad \text{(IV-9)}$$

여기서 c_2는 다른 상수이다. 경계 조건에서

$$-\frac{c_1}{R_1} + c_2 = V_0\,, \qquad -\frac{c_1}{R_2} + c_2 = 0$$

이고 따라서

$$c_1 = \frac{V_0 R_1 R_2}{R_1 - R_2}\,, \qquad c_2 = \frac{V_0 R_1}{R_1 - R_2}$$

이다. 이것을 식(IV-9)에 대입하면

$$\Phi(r) = \frac{V_0 R_1}{R_1 - R_2}\left(1 - \frac{R_2}{r}\right), \qquad R_1 < r < R_2$$

가 된다. 전기장을 구하려면 구면 좌표계에서 Φ의 그래디언트를 취한다[식(IV-4)]. 이 경우에 Φ는 r에만 의존하므로 전기장의 반경 성분만을 얻는다.

$$E_r = -\frac{d\Phi}{dr} = -\frac{V_0 R_1 R_2}{R_1 - R_2}\frac{1}{r^2},$$

$$E_\theta = E_\phi = 0, \qquad (R_1 < r < R_2)$$

세 번째이자 마지막 예는 좀 복잡하지만 더 흥미롭다. 두 개의 '무한한' 평행판 P와 P'(그림 IV-7)에서 포텐셜 차이가 유지되면 그 사이의 전기장은 일정하고 판에 수직이다.

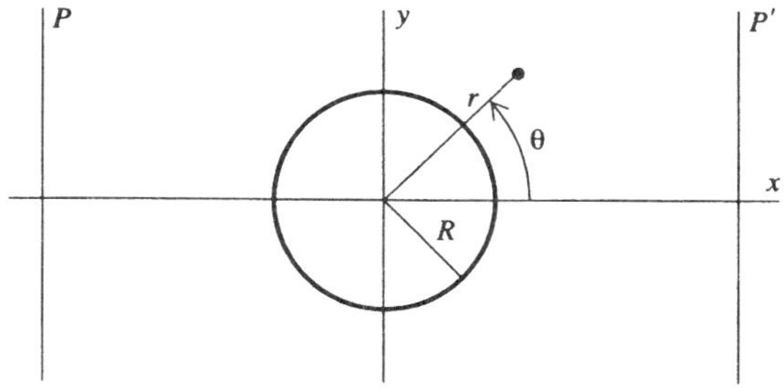

그림 IV-7

그림에서 z축은 종이에서 나오는 방향이고 $\mathbf{E}=E_0\mathbf{i}$이다. 여기서 E_0는 상수이다. '무한히' 긴 원통이 판 사이에 있는데 중심축은 z축이고 포텐셜은 0이다. 그 반경 R은 판 사이의 거리에 비해 매우 작다. 원통의 밖과 판 사이에서 포텐셜과 전기장은 무엇인가? 원통 좌표계를 써야 한다. 라플라스 식은

$$\nabla^2\Phi = \frac{1}{r}\frac{\partial}{\partial r}\left(r\frac{\partial\Phi}{\partial r}\right) + \frac{1}{r^2}\frac{\partial^2\Phi}{\partial\theta^2} + \frac{\partial^2\Phi}{\partial z^2} = 0$$

이다(문제 IV-21). 이 경우 Φ는 z에 무관하고 다음 식을 얻는다.

$$\frac{1}{r}\frac{\partial}{\partial r}\left(r\frac{\partial\Phi}{\partial r}\right) + \frac{1}{r^2}\frac{\partial^2\Phi}{\partial\theta^2} = 0 \qquad \text{(IV-10)}$$

경계 조건은 두 개인데 첫째는 $r=R$에서 $\Phi(r, \theta)=0$이다. r이 매우 큰 경우에 원통의 영향은 미미하고 그 곳에서의 전기장을 원통이 없을 때의 전기장으로 근사할 수 있다. 원통이 없을 때의 포텐셜은

$$\Phi = -E_0x$$

이고 $x=r\cos\theta$이므로 두 번째 경계 조건은 다음과 같다.

$$\Phi(r, \theta) = -E_0r\cos\theta, \qquad r >> R \qquad \text{(IV-11)}$$

이 문제[식(IV-10)]에 대해 라플라스 식을 풀어 보자.

$$\Phi(r, \theta) = f(r)\cos\theta \qquad \text{(IV-12)}$$

라고 가정한다. 여기서 $f(r)$은 아직 모르는 함수이다. 두번째 경계 조건[식(IV-11)]이 바로 이런 형태이다. 식(IV-12)를 식(IV-10)에 대입하면 함수 $f(r)$에 관한 미분식을 얻는다.

$$\frac{d^2f}{dr^2}+\frac{1}{r}\frac{df}{dr}-\frac{1}{r^2}f=0$$

$f(r)=r^\lambda$를 대입한다(λ는 상수).

$$\lambda(\lambda-1)r^{\lambda-2}+\lambda r^{\lambda-2}-r^{\lambda-2}=0$$

$$\lambda^2=1$$

$\lambda=\pm1$이고 따라서

$$f(r)=Ar+\frac{B}{r}$$

이다. 여기서 A, B는 상수이다. 즉 해는

$$\Phi(r,\theta)=\left(Ar+\frac{B}{r}\right)\cos\theta$$

이다. 첫 번째 경계 조건에서

$$AR+\frac{B}{R}=0$$

$$B=-AR^2$$

이다. 따라서

$$\Phi(r,\theta)=Ar\cos\theta-\frac{AR^2}{r}\cos\theta$$

이다. 두 번째 경계 조건을 쓰기 위해 r이 클 때 위 식에서 둘째 항을 첫째 항에 비해 무시한다.

$$r\text{이 클때}\quad \Phi(r,\theta)\simeq Ar\cos\theta$$

두 번째 경계 조건과 비교하면 $A=-E_0$이다. 완전한 해는

$$\Phi(r, \theta) = -E_0 r\left(1 - \frac{R^2}{r^2}\right)\cos\theta$$

이다. 전기장은 여느 때와 같이 $\mathbf{E} = -\nabla\Phi$에서 구한다. 식(IV-3)을 써서

$$E_r = -\frac{\partial\Phi}{\partial r} = E_0\left[1 + \left(\frac{R}{r}\right)^2\right]\cos\theta$$

$$E_\theta = -\frac{1}{r}\frac{\partial\Phi}{\partial\theta} = -E_0\left[1 - \left(\frac{R}{r}\right)^2\right]\sin\theta$$

$$E_z = -\frac{\partial\Phi}{\partial z} = 0$$

을 얻는다. r이 클 때 이 장이 $E_0\mathbf{i}$가 되는 것을 확인하시오.

마지막 예에서 포텐셜을 구하기 위해 영리한 추정을 했기 때문에 마음에 안들 수도 있겠다. 실제로는 이런 종류의 문제를 푸는 우직한 방법이 있다. 그렇지만 이런 논의는 길어지게 되고 흔히 하는 말로 이 책의 수준을 넘는다. 한 가지만 더 말하고 넘어가자. 적절한 경계 조건을 만족하는 라플라스 식의 해는 유일하다. 다시 말해 그런 해는 하나만 존재한다. 따라서 어떤 문제를 짐작으로 풀었건 우아한 수학적 기법을 써서 풀었건 두 해는 서로 같아야 한다. 이것의 증명을 문제 IV-24에서 다루고 있다.

방향 도함수와 그래디언트

선적분의 경로 무관성을 논하면서 그래디언트를 수학적 도구로서 도입하였다. 이제 그래디언트의 기하적 의미를 알아보자.

다음 논의에 필요한 테일러(Taylor) 급수를 간단히 설명한다. 변수가 하나인 스칼라 함수가 연속이고 미분 가능할 때

$$f(x + \Delta x) = f(x) + \Delta x f'(x) + \tfrac{1}{2}(\Delta x)^2 f''(x) + \cdots$$

이다. 어떤 점 $x+\Delta x$에서 함수의 값은 다른 점 x에서 구한 함수와 도함수들의 항(무한개)의 합으로 나타낼 수 있다. 두 점이 가까운 경우(즉 Δx가 작다)에 이 테일러 급수는 유용하다. 이 때 급수의 어느 항 이후는 무시할 수 있다. 왜냐하면 무시한 항들은 작은 수 Δx의 거듭제곱에

비례하므로 그 항들을 합해도 크기가 작기 때문이다.

변수가 여러 개인 함수의 테일러 급수도 있다. 변수가 두 개인 함수에서

$$f(x + \Delta x, y + \Delta y) = f(x, y) + \Delta x \frac{\partial f}{\partial x} + \Delta y \frac{\partial f}{\partial y} + \cdots \tag{IV-13}$$

이다. 어떤 점 $(x+\Delta x, y+\Delta y)$에서 함수의 값은 다른 점 (x, y)에서 구한 함수와 도함수들의 항(무한개)의 합으로 나타낼 수 있다. 이 급수에서 나머지 항들(위 식에서 점으로 표시)에 관한 표현은 필요하지 않다. 이 항들은 작은 수 Δx와 Δy의 거듭제곱 꼴이다(예를 들어 Δx^2, Δy^2, $\Delta x\Delta y$, Δx^3, Δy^3, $\Delta x^2\Delta y$등). 이제 주제로 돌아가자.

어떤 함수 $z=f(x, y)$가 있다. 이것은 그림 IV-8(a)처럼 곡면을 나타낸다.

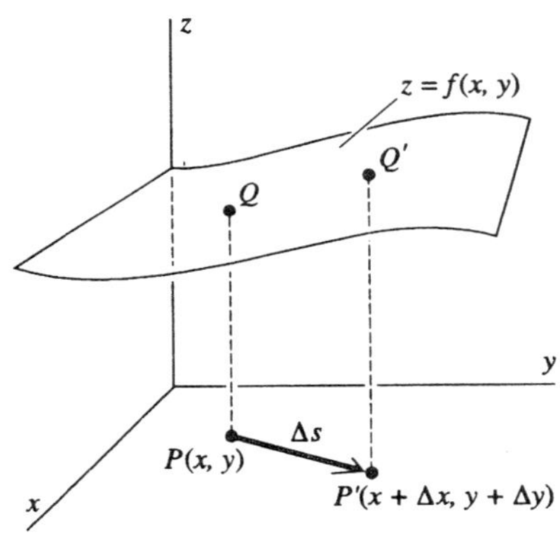

그림 IV-8(a)

xy평면에서 점 P의 좌표는 (x, y)이다. 이 점에서 곡면까지의 높이는 점선 PQ로 나타낸다. 즉 $PQ=z=f(x, y)$ 이다. xy평면에서 새로운 점 $P'(x+\Delta x, y+\Delta y)$로 한 걸음 내딛는다. 이 점에서 곡면까지의 높이는 $P'Q'=f(x+\Delta x, y+\Delta y)$ 이다. 한 걸음의 길이가 Δs라고 하자($\Delta s= PP'$).

이 때 함수 f의 변화는 높이 PQ와 $P'Q'$의 차이이다.

$$P'Q' - PQ \equiv \Delta f = f(x + \Delta x, y + \Delta y) - f(x, y)$$

식(IV-13)의 테일러 급수 식을 적용하여 다음을 얻는다.

$$\Delta f = f(x, y) + \Delta x \frac{\partial f}{\partial x} + \Delta y \frac{\partial f}{\partial y} + \cdots - f(x, y)$$

$$= \Delta x \frac{\partial f}{\partial x} + \Delta y \frac{\partial f}{\partial y} + \cdots .$$

$\Delta \mathbf{s}$는 크기가 Δs이고 점 P에서 P'를 향하는 벡터이다.

$$\Delta \mathbf{s} = \mathbf{i}\, \Delta x + \mathbf{j}\, \Delta y$$

f의 그래디언트는

$$\nabla f = \mathbf{i} \frac{\partial f}{\partial x} + \mathbf{j} \frac{\partial f}{\partial y}$$

이다. 이것은 변수가 세 개가 아니라 두 개인 함수에서 그래디언트의 특수한 형태이다.

$$\Delta f = (\Delta \mathbf{s}) \cdot (\nabla f) + \cdots$$

$\hat{\mathbf{u}}$가 $\Delta \mathbf{s}$방향의 단위 벡터라고 하자.

$$\Delta \mathbf{s} = \hat{\mathbf{u}}\, \Delta s$$

이고

$$\Delta f = (\hat{\mathbf{u}} \cdot \nabla f)\, \Delta s + \cdots$$

$$\frac{\Delta f}{\Delta s} = \hat{\mathbf{u}} \cdot \nabla f + \cdots$$

이다. 극한을 취하면

$$\frac{df}{ds} \equiv \lim_{\Delta s \to 0} \frac{\Delta f}{\Delta s} = \hat{\mathbf{u}} \cdot \nabla f \qquad \text{(IV-14)}$$

이다. 이제 '$+\cdots$' 은 더 이상 필요가 없다. Δs가 0으로 가면서 점 들이 나타내는 항도 0으로 가기 때문이다.

식(IV-14)는 $\Delta \mathbf{s}$의 방향($\hat{\mathbf{u}}$의 방향)으로 갈 때 함수 $f(x, y)$의 변화율을 뜻한다. 그림 IV-8(a)에서 P와 P'를 지나고 z축에 평행한 평면을 생각한다[그림 IV-8(b)].

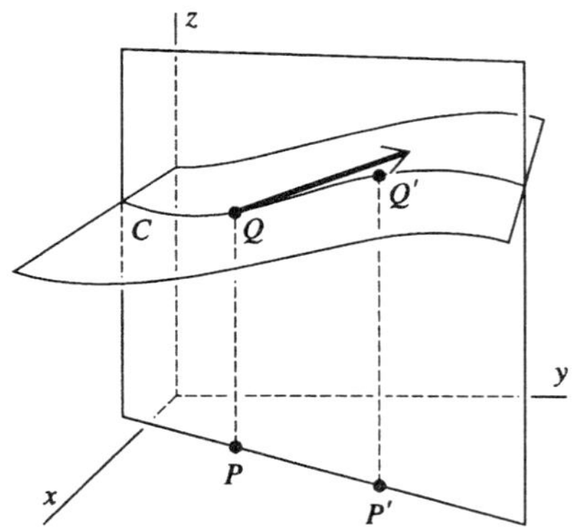

그림 IV-8(b)

이 평면은 곡면 $z=f(x, y)$와 곡선 C에서 만난다. 식(IV-14)에서 정의된 df/ds는 점 Q에서 이 곡선의 기울기이다.

df/ds를 f의 방향 도함수(directional derivative)라고 한다. 변수가 두 개인 함수에 대해서 이 결과를 얻었지만 변수가 세 개(또는 그 이상)인 함수에도 적용할 수 있다. 즉

$$\frac{d}{ds}F(x, y, z) = \hat{\mathbf{u}} \cdot \nabla F$$

는 단위 벡터 $\hat{\mathbf{u}}$로 정해지는 방향에서 함수 $F(x, y, z)$의 변화율이다.

방향 도함수의 예를 들자. 변수가 두 개인 함수는 그림으로 나타낼 수 있다. 다음 함수

$$z = f(x, y) = (x^2 + y^2)^{1/2}$$

은 축이 z축이고 거꾸로 선 원뿔을 나타낸다[그림 IV-9(a)].

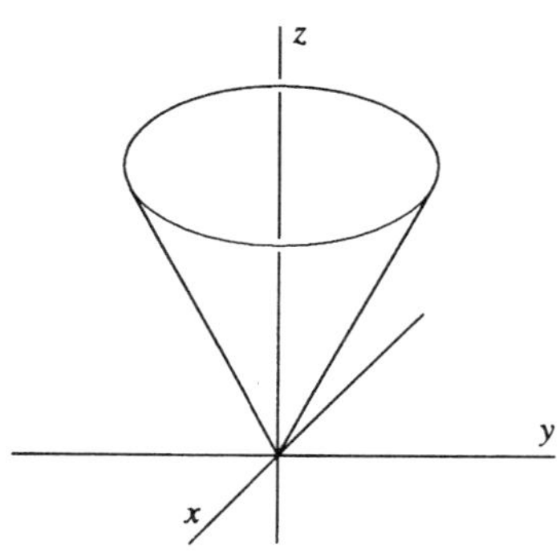

그림 IV-9(a)

어떤 점 $x=a$, $y=b$에서 방향이 $\hat{\mathbf{u}}=\mathbf{i}\cos\theta+\mathbf{j}\sin\theta$로 주어질 때 이 함수의 방향 도함수를 구하고자 한다[그림 IV-9(b)].

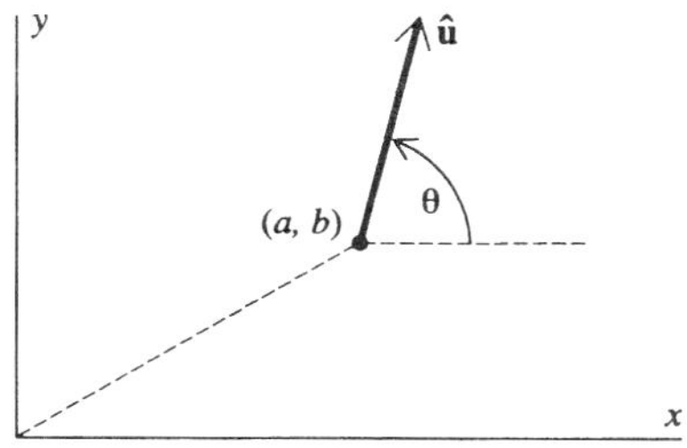

그림 IV-9(b)

먼저 $f(x, y)$의 그래디언트를 구한다.

$$\frac{\partial f}{\partial x}=\frac{x}{z}, \quad \frac{\partial f}{\partial y}=\frac{y}{z}$$

이고

$$\nabla f=\frac{\mathbf{i}x+\mathbf{j}y}{z}$$

$$\frac{df}{ds}=\hat{\mathbf{u}}\cdot\nabla f=\frac{x\cos\theta+y\sin\theta}{z}\rightarrow\frac{a\cos\theta+b\sin\theta}{\sqrt{a^2+b^2}}$$

이다. $\hat{\mathbf{u}}$가 그림 IV-9(c)처럼 반경 방향이라고 하자.

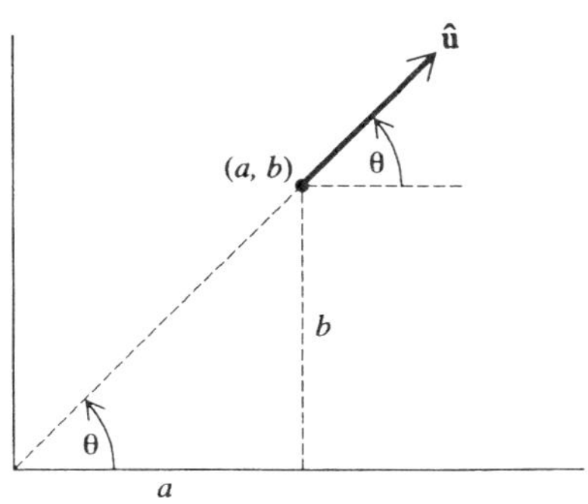

그림 IV-9(c)

$$\cos\theta = \frac{a}{(a^2 + b^2)^{1/2}}$$

$$\sin\theta = \frac{b}{(a^2 + b^2)^{1/2}}$$

이고

$$\frac{df}{ds} = \frac{a}{\sqrt{a^2 + b^2}} \cdot \frac{a}{\sqrt{a^2 + b^2}} + \frac{b}{\sqrt{a^2 + b^2}} \cdot \frac{b}{\sqrt{a^2 + b^2}} = 1$$

이다. 이것의 의미가 그림 IV-9(d)에 나와 있다.

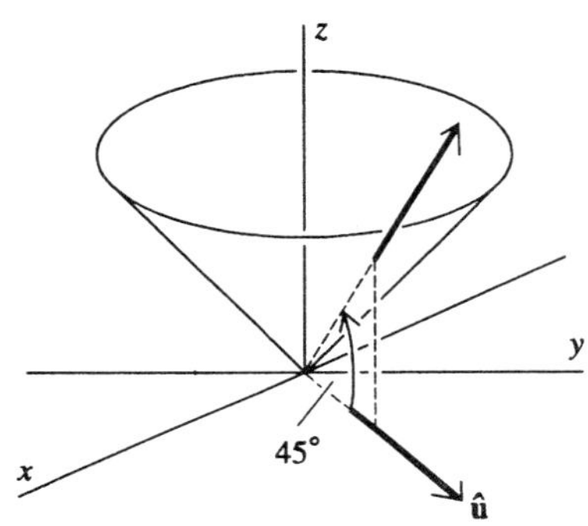

그림 IV-9(d)

두 번째 예는 $\hat{\mathbf{u}}$의 방향으로 앞의 예와 수직인 방향을 택한다[그림 IV-9(e)].

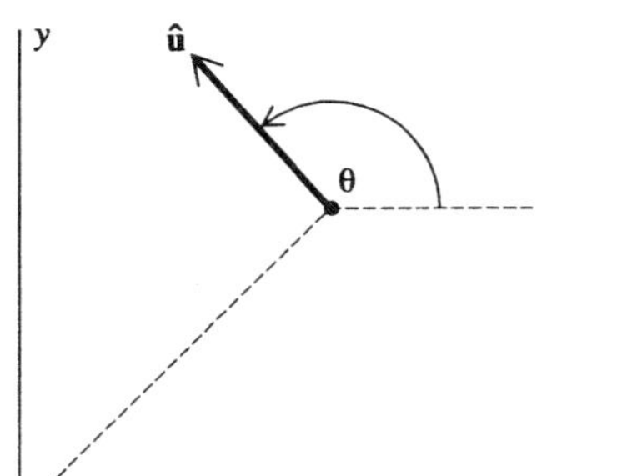

그림 IV-9(e)

$$\cos\theta = \frac{-b}{(a^2+b^2)^{1/2}}$$

$$\sin\theta = \frac{a}{(a^2+b^2)^{1/2}}$$

이고

$$\frac{df}{ds} = \frac{a}{\sqrt{a^2+b^2}}\left(-\frac{b}{\sqrt{a^2+b^2}}\right) + \frac{b}{\sqrt{a^2+b^2}}\left(\frac{a}{\sqrt{a^2+b^2}}\right) = 0$$

이다. 이것의 의미가 그림 IV-9(f)에 나와 있다.

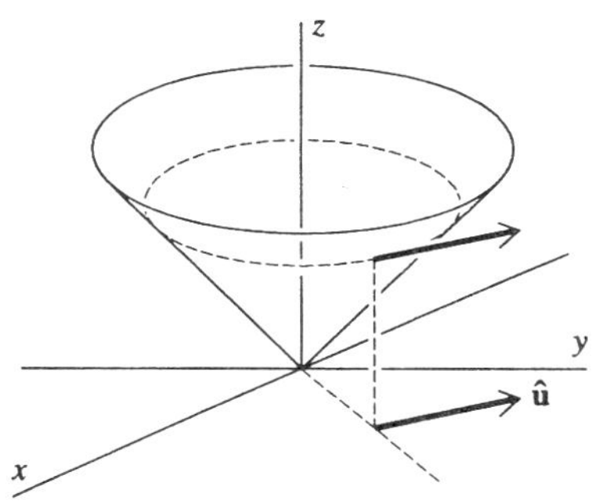

그림 IV-9(f)

그래디언트의 기하적 의미

방향 도함수의 개념을 익혔으니 이제 그래디언트의 기하적 해석을 다룬다. 좌표가 (x_0, y_0, z_0)인 점 P_0에서

$$\left(\frac{dF}{ds}\right)_0 = \hat{\mathbf{u}}\cdot(\nabla F)_0$$

이다. 여기서 하첨자 '0' 은 점 (x_0, y_0, z_0)에서 그 양을 계산하는 것을 뜻한다. $(\nabla F)_0$는 P_0에서 구한 F의 그래디언트로서 그림 IV-10(a)처럼 그 점에서 시작하는 어떤 벡터로 나타낼 수 있다.

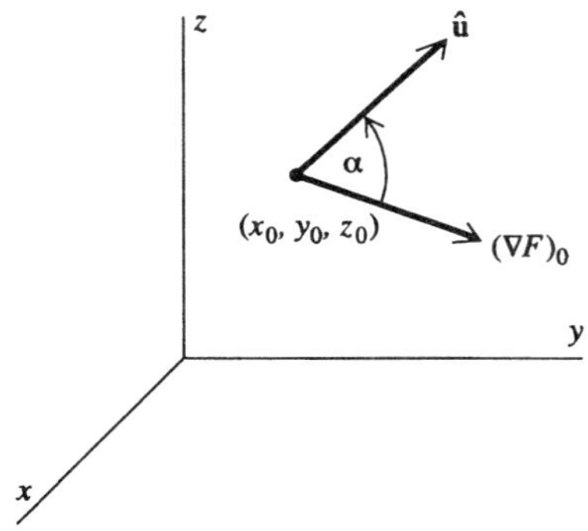

그림 IV-10(a)

어느 방향으로 가야 $(dF/ds)_0$가 가장 클 것인가? 명백히 $\hat{\mathbf{u}}$의 방향은 $(\nabla F)_0$의 방향과 같아야 한다. α를 $\hat{\mathbf{u}}$와 $(\nabla F)_0$사이의 각도라고 하자.

$(dF/ds)_0 = |\nabla F|_0 \cos\alpha$이고 이것은 $\alpha = 0$ 일 때 가장 크다.

스칼라 함수 $F(x, y, z)$의 그래디언트는 벡터로서 방향은 F의 증가율이 가장 큰 방향이고 크기는 그 방향의 증가율이다.

그래디언트에 대한 이러한 관점의 예로서 앞에서 다룬 거꾸로 선 원뿔 $z = f(x, y) = (x^2 + y^2)^{1/2}$을 고려하자.

$$\nabla f = \frac{\mathbf{i}x + \mathbf{j}y}{z}$$

이고

$$\frac{df}{ds} = \frac{a \cos\theta + b \sin\theta}{\sqrt{a^2 + b^2}} \equiv D(\theta)$$

이다. $f(x, y)$의 변화율이 가장 큰 방향을 구하기 위해 다음과 같이 놓는다.

$$\frac{dD}{d\theta} = \frac{-a \sin\theta + b \cos\theta}{\sqrt{a^2 + b^2}} = 0$$

여기서 $\tan\theta = b/a$를 얻는다. 따라서 $\cos\theta = a/(a^2+b^2)^{1/2}$, $\sin\theta = b/(a^2+b^2)^{1/2}$이고 $(df/ds)_{max} = 1$ 이다. 한편 $z^2 = x^2 + y^2$이므로

$$|\nabla f| = \left[\frac{x^2 + y^2}{z^2}\right]^{1/2} = 1$$

이다. $\tan\theta = b/a$는 방향 $a\mathbf{i}+b\mathbf{j}$에 해당하는데 점 (a, b)에서

$$\nabla f = \frac{a\mathbf{i} + b\mathbf{j}}{(a^2 + b^2)^{1/2}}$$

이다. 이 벡터도 같은 방향이다. 그래디언트의 두 특성을 보였다. 즉 그 방향은 증가율이 최대가 되는 방향이고, 크기는 그 방향의 증가율과 같다.

그래디언트의 의미에 관한 두 번째 예로 그림 IV-10(b)의 평면 $z=f(x, y)=1-x-y$를 고려하자.

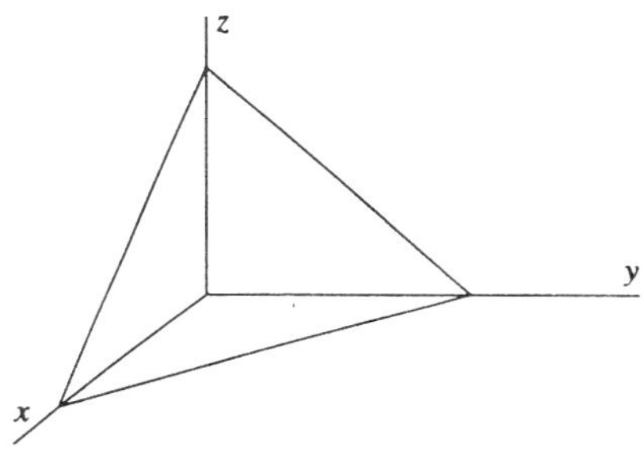

그림 IV-10(b)

$\nabla f=-\mathbf{i}-\mathbf{j}$이고 $\hat{\mathbf{u}}=\mathbf{i}\cos\theta+\mathbf{j}\sin\theta$를 쓰면 $df/ds=\hat{\mathbf{u}}\cdot\nabla f=-\cos\theta-\sin\theta\equiv D(\theta)$이다.

$$\frac{dD}{d\theta} = \sin\theta - \cos\theta = 0$$

에서 $\theta=\pi/4$ 또는 $5\pi/4$이다. 두 번째 도함수를 쓰면 $\pi/4$는 D의 최소값, $5\pi/4$는 최대값에 대응한다. 그림 IV-10(b)에서 각도가 $5\pi/4$일 때 실제로 증가율이 최대가 되는 것을 알 수 있다. 최대 증가율은

$$\left(\frac{df}{ds}\right)_{\max} = D(5\pi/4) = \sqrt{2}$$

이다. 한편 $|\nabla f|=|-\mathbf{i}-\mathbf{j}|=\sqrt{2}$이다. 따라서 이 예는 그래디언트의 두 특성을 보여준다.

이제 식 $\mathbf{E}=-\nabla\Phi$에서 음의 부호가 있는 이유를 알 수 있다.

$\nabla\Phi$는 벡터로서 그 방향은 Φ가 증가하는 방향이다. 양의 전하 q에 작용하는 힘은 $\mathbf{F}=q\mathbf{E}=-q\nabla\Phi$인데 이 방향은 Φ가 감소하는 방향이다.

즉 음의 부호는 양전하가 높은 포텐셜에서 낮은 포텐셜로 움직이게 하는 역할을 한다.

그래디언트의 기하적 의미를 이해하는데 도움이 되는 다른 특성을 알아보자. 스칼라 함수 $T(x, y, z)$가 임의점 (x, y, z)의 온도를 나타낸다. 온도가 T_0인 모든 점은 식이 $T(x, y, z)=T_0$ 인 곡면을 이룬다(그림 IV-11).

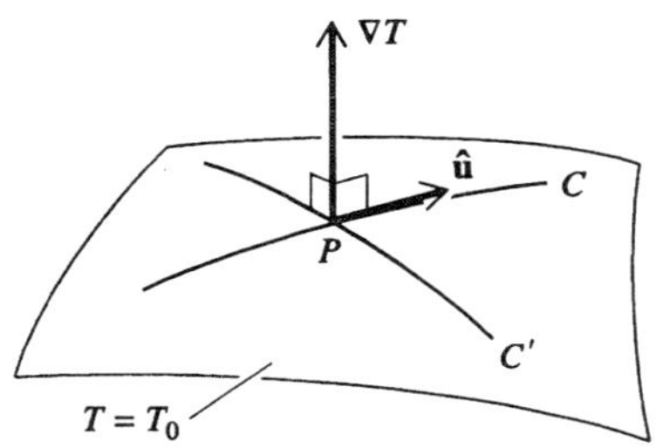

그림 IV-11

이 면을 등온면이라 한다. ∇T가 등온면에 수직인 벡터라는 것을 보이고자 한다. C가 등온면 위의 임의 곡선이고 P는 C 상의 임의점이다. $\hat{\mathbf{u}}$가 P에서 C에 접하는 단위 벡터라고 하자(C를 따라 어느 방향인가는 상관없다).

$\hat{\mathbf{u}}$방향의 방향 도함수는

$$\left(\frac{dT}{ds}\right)=\hat{\mathbf{u}}\cdot\nabla T=0$$

이다. 등온면 위에서는 T가 변하지 않기 때문이다. 0이 아닌 두 벡터의 내적이 0이면 두 벡터는 서로 수직이다. 즉 ∇T는 P에서 C에 수직이다. 마찬가지로 하여 ∇T는 면에서 P를 지나는 임의 곡선(그림 IV-11의 C' 같은)에 수직이다. 즉 ∇T는 P에서 등온면에 수직이다. 일반적으로 스칼라 함수 $f(x, y, z)$에서 $\nabla f(x, y, z)$는 $f(x, y, z)=$상수 인 면에 수직이다.[3)]

간단한 예를 들자. 함수 $F(x, y, z)=x^2+y^2+z^2$이 있다.

---

3) 그래디언트의 이러한 특성과 어떤 면에 수직인 단위 벡터[식(II-4)]의 연관이 문제 IV-20의 주제이다.

$F(x, y, z)=$상수 인 면은 구면이다(상수는 양수라고 가정한다).

$\nabla F=2(\mathbf{i}x+\mathbf{j}y+\mathbf{k}z)=2\mathbf{r}$이다. 즉 구면에 수직인 벡터는 반경 방향이다. 정전기장 **E**와 등전위면 $\Phi(x, y, z)=$상수 의 기하적 관계에 대해 생각해 보시오.

그래디언트의 이러한 특성과 증가율이 최대가 되는 방향이라는 것의 관계를 알아보자. $f(x, y, z)=$상수 인 면에서 임의의 변위를 벡터 **s**로 나타낸다. 이 벡터는 면을 따르는 성분($s_{\parallel}$)과 면에 수직인 성분($s_{\perp}$)으로 나눌 수 있다(그림 IV-12).

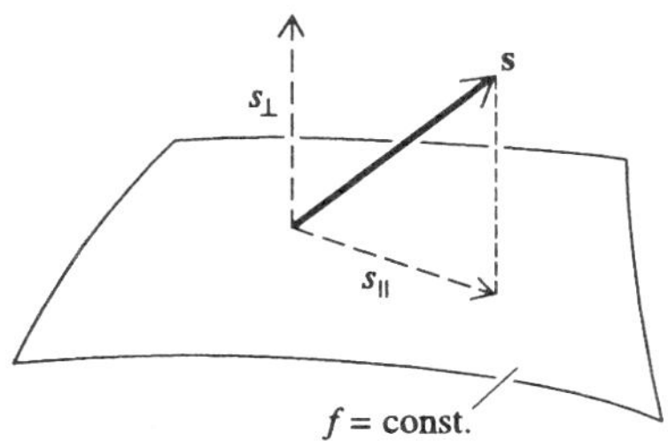

그림 IV-12

이동해서 $f(x, y, z)$의 값을 변하게 하는 것이 목적이라면 면을 따른 변위는 '쓸모 없는' 변위이다. 단지 변위의 수직 성분을 따라 갈 때만 f의 변화가 생긴다. 변위의 크기가 주어질 때 면에 수직인 방향으로 움직여야 f의 변화가 가장 크게 된다. 증가율이 가장 큰 방향이 그래디언트의 방향이라는 것은 이미 알고 있다. 따라서 그래디언트는 면에 수직이다.

원통 및 구면 좌표계에서 구한 그래디언트

방향 도함수를 써서 원통 및 구면 좌표계에서 그래디언트를 계산할 수 있다.

먼저 df/ds를 유도한다.[4)]

1. 직각 좌표로 표시한 스칼라 함수 $f(x, y, z)$가 있다. 점 (x, y, z)에서 다른 점 $(x+\Delta x, y+\Delta y, z+\Delta z)$로 갈 때 f의 변화를 구하기 위해 테일러 급수를 이용한다.

4) 앞에서 변수가 두 개인 함수를 다루었다. 지금은 이것을 변수가 세 개인 경우로 일반화한다.

$$\Delta f = \frac{\partial f}{\partial x}\Delta x + \frac{\partial f}{\partial y}\Delta y + \frac{\partial f}{\partial z}\Delta z + \cdots$$

2. (x, y, z)에서 $(x+\Delta x, y+\Delta y, z+\Delta z)$로 갈 때 벡터 변위를 $\Delta\mathbf{s}$라고 한다(그림 IV-13).

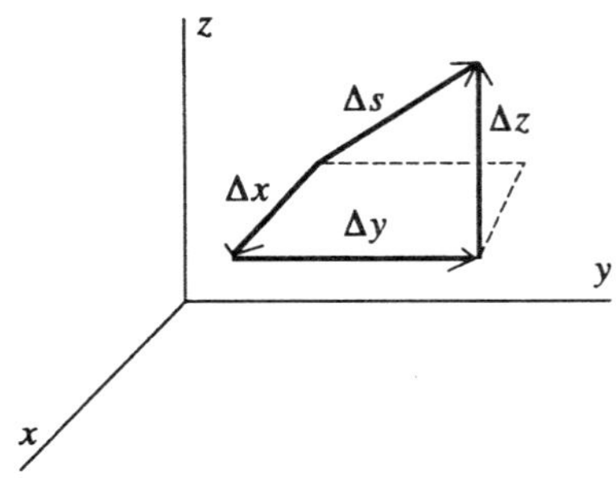

그림 IV-13

$$\Delta\mathbf{s} = \mathbf{i}\,\Delta x + \mathbf{j}\,\Delta y + \mathbf{k}\,\Delta z$$

$$\Delta f = \left(\mathbf{i}\frac{\partial f}{\partial x} + \mathbf{j}\frac{\partial f}{\partial y} + \mathbf{k}\frac{\partial f}{\partial z}\right)\cdot\Delta\mathbf{s} + \cdots.$$

이다.

3. $\Delta\mathbf{s} = \hat{\mathbf{u}}\Delta s$를 대입하여 Δs로 나누고 극한을 취한다.

$$\lim_{\Delta s\to 0}\frac{\Delta f}{\Delta s} \equiv \frac{df}{ds} = \left(\mathbf{i}\frac{\partial f}{\partial x} + \mathbf{j}\frac{\partial f}{\partial y} + \mathbf{k}\frac{\partial f}{\partial z}\right)\cdot\hat{\mathbf{u}}.$$

$\hat{\mathbf{u}}$와 내적을 한 것이 바로 직각 좌표계에서 f의 그래디언트이다.

원통 좌표계에서 함수의 그래디언트를 구하기 위해서 비슷한 과정을 밟는다.

1. 원통 좌표로 표시한 스칼라 함수 $f(r, \theta, z)$가 있다. 점 (r, θ, z)에서 점 $(r+\Delta r, \theta+\Delta\theta, z+\Delta z)$로 갈 때 f의 변화를 구하기 위해 테일러 급수를 이용한다.

$$\Delta f = \frac{\partial f}{\partial r}\Delta r + \frac{\partial f}{\partial \theta}\Delta\theta + \frac{\partial f}{\partial z}\Delta z + \cdots.$$

2. Δf를 $\Delta\mathbf{s}$로 나타낸다. 그림 IV-14에서

$$\Delta \mathbf{s} = \hat{\mathbf{e}}_r \, \Delta r + \hat{\mathbf{e}}_\theta r \, \Delta\theta + \hat{\mathbf{e}}_z \, \Delta z.$$

이다.

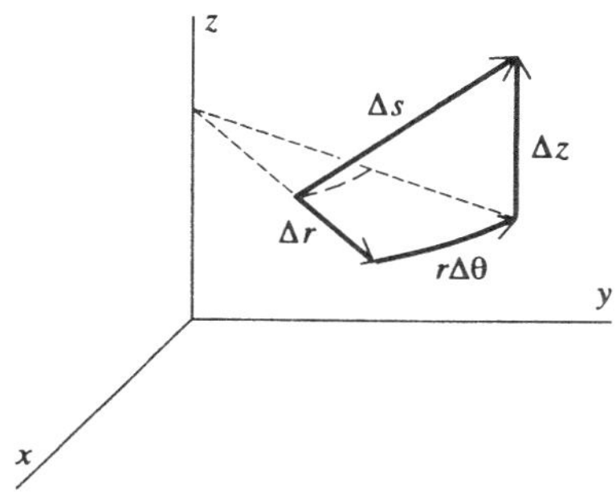

그림 IV-14

이 표현에서 논의할 점이 두 가지가 있다. 첫째 θ가 증가하는 방향의 변위(크기는 $r\Delta\theta$)는 직선이 아니라 호이다. 하지만 궁극적으로 $\Delta s \to 0$인 극한을 취하므로 $\Delta\theta$(Δr과 Δz도)는 충분히 작다고 본다. 이 경우 호와 현은 거의 일치한다. 즉 그림 IV-15에 나온 것처럼 Δr, $r\Delta\theta$, Δz는 서로 수직인 변위라고 근사할 수 있다. 이것은 직각 좌표의 변위 Δx, Δy, Δz와 유사하다(그림 IV-13).

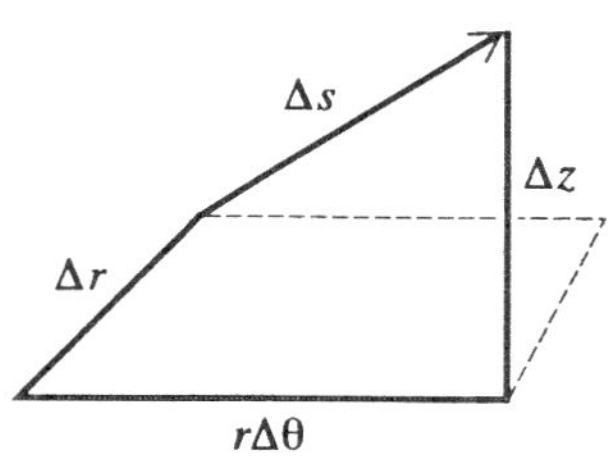

그림 IV-15

$\Delta \mathbf{s}$의 표현에서 논의할 두 번째 점도 θ가 증가하는 방향의 변위와 관계가 있다. 변위가 반경이 $r+\Delta r$인 원의 호이므로 엄밀히 말해서 변위는 $r\Delta\theta$가 아니라 $(r+\Delta r)\Delta\theta$이어야 한다. 그러나 덧붙인 항 $\Delta r\Delta\theta$는 2차 항이다. 즉 두 작은 양의 곱이므로 $r\Delta\theta$에 비해 무시한다.

이제 Δf를 $\Delta \mathbf{s}$로 나타내면

$$\Delta f = \left(\hat{\mathbf{e}}_r \frac{\partial f}{\partial r} + \hat{\mathbf{e}}_\theta \frac{1}{r} \frac{\partial f}{\partial \theta} + \hat{\mathbf{e}}_z \frac{\partial f}{\partial z} \right) \cdot \Delta \mathbf{s} + \cdots .$$

이다. 두 번째 항에서 $1/r$은 $\Delta \mathbf{s}$의 $\hat{\mathbf{e}}_\theta r \Delta\theta$에서 r을 소거한다.

3. 끝으로 $\Delta \mathbf{s} = \hat{\mathbf{u}} \Delta s$를 대입하면

$$\lim_{\Delta s \to 0} \frac{\Delta f}{\Delta s} \equiv \frac{df}{ds} = \left(\hat{\mathbf{e}}_r \frac{\partial f}{\partial r} + \hat{\mathbf{e}}_\theta \frac{1}{r} \frac{\partial f}{\partial \theta} + \hat{\mathbf{e}}_z \frac{\partial f}{\partial z} \right) \cdot \hat{\mathbf{u}}.$$

이다. 위 식에서 $\hat{\mathbf{u}}$와 내적을 취한 것이 원통 좌표계에서 f의 그래디언트이다. 비슷한 과정을 써서 구면 좌표계에서 그래디언트를 구할 수 있다(문제 IV-22).

문제

IV-1 (a) 다음 스칼라 함수에서 $\mathbf{F} = \nabla f$를 구하시오.

(i) $f = xyz$.
(ii) $f = x^2 + y^2 + z^2$.
(iii) $f = xy + yz + xz$.
(iv) $f = 3x^2 - 4z^2$.
(v) $f = e^{-x} \sin y$.

(b) (a)에서 구한 함수 $\mathbf{F}$가 다음 경로 C에서

$$\oint_C \mathbf{F} \cdot \hat{\mathbf{t}}\, ds = 0$$

을 만족함을 보이시오.

(i) xy 평면에서 꼭지점이 (0, 0), (1, 0), (1, 1), (0, 1)인 정사각형
(ii) yz 평면에서 꼭지점이 (0, 0), (1, 0), (0, 1)인 삼각형
(iii) xz 평면에서 중심이 원점에 있고 반경이 1인 원

(c) (a)에서 구한 함수 $\mathbf{F}$가 $\nabla \times \mathbf{F} = 0$ 인 것을 직접 계산을 해서 보이시오.

IV-2 다음 항등식을 증명하시오. f, g는 위치의 스칼라 함수로서 임의로 미분이 가능하며 **F**, **G**는 위치의 벡터 함수로서 임의로 미분이 가능하다.

(a) $\nabla(fg) = f\nabla g + g\nabla f$.
(b) $\nabla(\mathbf{F}\cdot\mathbf{G}) = (\mathbf{G}\cdot\nabla)\mathbf{F} + (\mathbf{F}\cdot\nabla)\mathbf{G} + \mathbf{F}\times(\nabla\times\mathbf{G}) + \mathbf{G}\times(\nabla\times\mathbf{F})$.
(c) $\nabla\cdot(f\mathbf{F}) = f\nabla\cdot\mathbf{F} + \mathbf{F}\cdot\nabla f$.
(d) $\nabla\cdot(\mathbf{F}\times\mathbf{G}) = \mathbf{G}\cdot(\nabla\times\mathbf{F}) - \mathbf{F}\cdot(\nabla\times\mathbf{G})$.
(e) $\nabla\times(f\mathbf{F}) = f\nabla\times\mathbf{F} + (\nabla f)\times\mathbf{F}$.
(f) $\nabla\times(\mathbf{F}\times\mathbf{G}) = (\mathbf{G}\cdot\nabla)\mathbf{F} - (\mathbf{F}\cdot\nabla)\mathbf{G} + \mathbf{F}(\nabla\cdot\mathbf{G}) - \mathbf{G}(\nabla\cdot\mathbf{F})$.
(g) $\nabla\times(\nabla\times\mathbf{F}) = \nabla(\nabla\cdot\mathbf{F}) - \nabla^2\mathbf{F}$.

IV-3 $f(x, y, z)$가 임의로 미분이 가능한 함수일 때 $\nabla\times\nabla f=0$ 임을 보이시오. 2계 편도함수에서 미분하는 순서는 상관이 없다고 가정한다. 예 : $\partial^2 f/\partial x\partial z=\partial^2 f/\partial z\partial x$

IV-4 (a) 다음 벡터 함수들은 단순 연결 영역에서 매끄럽다. 어느 것을 스칼라 함수의 그래디언트로 나타낼 수 있는가? 이 경우 식(IV-2)를 써서 스칼라 함수를 구하시오.

(i) $\mathbf{F} = \mathbf{i}y$.
(ii) $\mathbf{F} = C\mathbf{k}$, C는 상수.
(iii) $\mathbf{F} = \mathbf{i}yz + \mathbf{j}xz + \mathbf{k}xy$.
(iv) $\mathbf{F} = \mathbf{i}x + \mathbf{j}y + \mathbf{k}z$.
(v) $\mathbf{F} = \mathbf{i}e^{-z}\sin y + \mathbf{j}e^{-y}\sin z + \mathbf{k}e^{-x}\sin y$.

(b) 다음 함수들은 모든 점에서 매끄럽지는 않다. 그렇지만 각각은 스칼라 함수의 그래디언트로 나타낼 수 있다. 식(IV-2)를 써서 그 스칼라 함수를 구하시오.

(i) $\mathbf{F} = \mathbf{r}/r^2$, $\mathbf{r} = \mathbf{i}x + \mathbf{j}y$.
(ii) $\mathbf{F} = \mathbf{r}/r^{1/2}$, $\mathbf{r} = \mathbf{i}x + \mathbf{j}y + \mathbf{k}z$.

IV-5 문제 III-17에서 정의된 함수 $\mathbf{F}(r, \theta, z)$는 z축을 제외한 3차원 공간의 모든 점(단순 연결 영역이 아님)에서 매끄럽고 회전이 0이다.

$\mathbf{F}=\nabla\psi$인 스칼라 함수 ψ가 존재하지 않음을 보이시오. 이를 위해 점 $P_1(0, -1, 0)$에서 점 $P_2(0, 1, 0)$까지 두 개의 다른 경로를 따라서 $\mathbf{F}\cdot\hat{\mathbf{t}}$의 선적분을 계산한다. C_R은 xy평면에서 원점에 중심을 두고 반경이 1인 원의 오른쪽이고 C_L은 같은 원의 왼쪽이다. 두 경로에서 적분값이 다른 것은 $\mathbf{F}=\nabla\psi$인 함수 ψ가 존재하지 않는다는 것을 의미하는가?

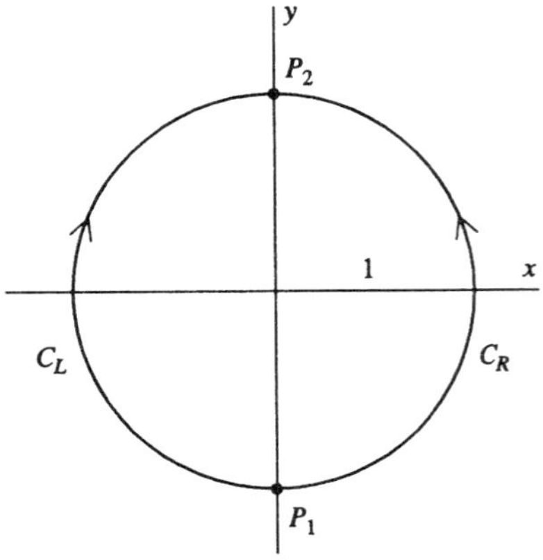

IV-6 (a) 세기가 p인 전기 쌍극자가 원점에 있다. 쌍극자의 방향이 양의 z축 방향일 때 쌍극자에 의한 정전기장은 다음과 같다.

$$\mathbf{E}(r, \theta, \phi) = \frac{1}{4\pi\epsilon_0} \frac{p}{r^3} (2\hat{\mathbf{e}}_r \cos\phi + \hat{\mathbf{e}}_\phi \sin\phi)$$

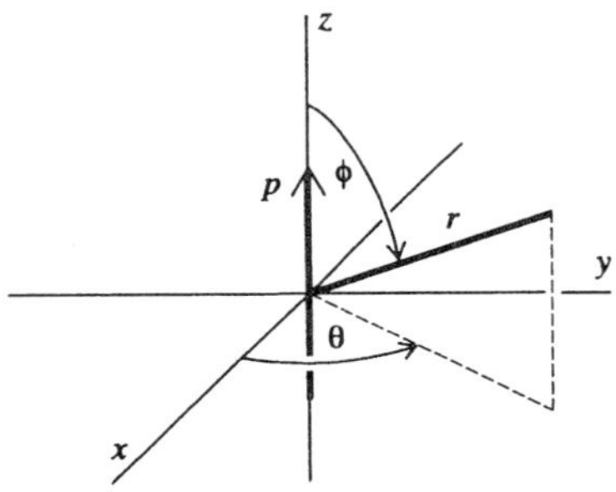

식(IV-2)를 써서 쌍극자 포텐셜이

$$\Phi(r, \theta, \phi) = \frac{1}{4\pi\epsilon_0} \frac{p\cos\phi}{r^2}$$

인 것을 보이시오. 구면 좌표계에서

$$\hat{\mathbf{t}} = \hat{\mathbf{e}}_r \frac{dr}{ds} + \hat{\mathbf{e}}_\phi r \frac{d\phi}{ds} + \hat{\mathbf{e}}_\theta r \sin\phi \frac{d\theta}{ds}$$

이다.

(b) 중심이 원점이고 반경이 R인 구의 면을 지나는 쌍극자 장의 플럭스를 계산하시오.

(c) 원점을 포함하지 않는 임의의 닫힌 면에서 쌍극자 장의 플럭스는 무엇인가?

IV-7 자기(magnetism) 같은 것은 없다는 '증명' 이 여기 있다. 맥스웰 식 중의 하나는

$$\nabla \cdot \mathbf{B} = 0$$

이다. 여기서 **B**는 자기장이다. 발산 정리를 이용해서 다음을 얻는다.

$$\iint_S \mathbf{B} \cdot \hat{\mathbf{n}}\, dS = \iiint_V \nabla \cdot \mathbf{B}\, dV = 0$$

B의 발산이 0이므로 어떤 벡터 함수 **A**가 존재해서

$$\mathbf{B} = \nabla \times \mathbf{A}$$

로 쓸 수 있다(문제 III-24 참조). 위의 두 식에서 다음을 얻는다.

$$\iint_S \hat{\mathbf{n}} \cdot \nabla \times \mathbf{A}\, dS = 0$$

스토크스의 정리와 위 식을 이용해서

$$\oint_C \mathbf{A} \cdot \hat{\mathbf{t}}\, ds = \iint_S \hat{\mathbf{n}} \cdot \nabla \times \mathbf{A}\, dS = 0$$

을 얻는다. 즉 **A**의 순환이 0이므로 **A**의 선적분은 경로에 무관하다는 것을 보였다. 따라서 $\mathbf{A} = \nabla\psi$로 쓸 수 있다. 여기서 ψ는 스칼라 함수이다. 함수의 그래디언트의 회전은 0이므로 다음과 같은 놀라운 결과를 얻는다.

$$\mathbf{B} = \nabla \times \nabla\psi = 0$$

즉 모든 자기장은 0이다! 어디가 틀렸는가? [G. Arfken, Amer. J. Phys., 27, 526 (1959) 에서 인용함]

IV-8 픽(Fick)의 법칙은 확산 과정에서 흐름 밀도 **J**가 밀도 ρ의 그래디언트에 음의 부호를 붙인 것에 비례한다는 것이다. 즉 $\mathbf{J} = -k\nabla\rho$이다. 여기서 k는 양의 상수이다. 밀도가 $\rho(x, y, z, t)$이고 속도가 $\mathbf{v}(x, y, z, t)$인 물질이 픽의 법칙에 따라 확산하면 흐름이 비회전적(즉 $\nabla \times \mathbf{v} = 0$)이라는 것을 증명하시오.

IV-9 (a) 어떤 물질이 픽의 법칙에 따라 확산한다(문제 IV-8). 확산 물질이 보존된다고 가정하고 확산식(diffusion equation)

$$\frac{\partial\rho}{\partial t} = k\, \nabla^2\rho$$

를 유도하시오.

(b) 밀도가 ρ인 박테리아가 어떤 매질에서 픽의 법칙에 따라 확산하고, 단위 부피 당 $\lambda\rho$의 율

로 증식한다(λ는 양의 상수이다). 다음을 보이시오.

$$\frac{\partial \rho}{\partial t} = k\,\nabla^2 \rho + \lambda \rho$$

IV-10 (a) 유체에서 밀도 ρ가 일정하면(즉 x, y, z, t에 무관) 비압축성 유체라고 한다. 연속식을 이용해서 비압축성 유체의 속도 $\mathbf{v}$가 식 $\nabla \cdot \mathbf{v}=0$을 만족하는 것을 보이시오.

(b) $\nabla \times \mathbf{v}=0$이면 유체의 흐름을 비회전적이라고 한다. 비압축성 유체에서 흐름이 비회전적이면

$$\nabla^2 \phi = 0$$

임을 보이시오. 여기서 ϕ는 $\mathbf{v}=\nabla\phi$로 정의되는 스칼라 함수로서 속도 포텐셜이라고 한다.

IV-11 부피가 V인 물체가 갖고 있는 열 Q는

$$Q = c \iiint_V T\rho\, dV$$

이다. 여기서 c는 물체의 비열로서 상수이고, $T(x, y, z, t)$는 물체의 온도, $\rho(x, y, z)$는 물체의 밀도이다(밀도는 시간에 무관하다고 가정한다). 물체의 표면 S를 통과하는 열의 흐름율은

$$\frac{dQ}{dt} = k \iint_S \hat{\mathbf{n}} \cdot \nabla T\, dS$$

이다. 여기서 k는 물체의 열전도도로서 상수라고 가정한다. 적분은 물체의 경계면 S에서 이루어진다. 이러한 사실들에서 열흐름 식

$$\nabla^2 T = \alpha \frac{\partial T}{\partial t}$$

를 유도하시오. 여기서 $\alpha=c\rho/k$이다.

IV-12 비상대론적 양자역학에서 포텐셜 $V(x, y, z)$ 안을 운동하는 질량이 m인 입자는 슈뢰딩거(Schrödinger) 식으로 기술된다.

$$-\frac{\hbar^2}{2m}\nabla^2\psi + V\psi = i\hbar\frac{\partial \psi}{\partial t}$$

여기서 $\hbar$는 플랑크(Planck)의 상수를 2π로 나눈 것이고, $\psi(x, y, z, t)$는 파동 함수로서 복소수이다. $\rho=\psi^*\psi$는 확률 밀도라고 해석한다.

(a) 슈뢰딩거 식을 이용해서 다음 형태의 식을 유도하시오.

$$\frac{\partial \rho}{\partial t} + \nabla \cdot \mathbf{J} = 0$$

그리고 **J**를 ψ, ψ^*, m, $\hbar$의 항으로 나타내시오.

(b) (a)에서 유도한 식과 **J**의 의미를 쓰시오.

IV-13 (a) 다음과 같은 전기장을 만드는 전하 밀도 $\rho(x, y, z)$를 구하시오.

$$\mathbf{E} = g(\mathbf{i}x + \mathbf{j}y + \mathbf{k}z)$$

여기서 g는 상수이다.

(b) (a)의 전기장 **E**를 $-\nabla\Phi$로 나타내는 정전 포텐셜 Φ를 구하시오.

(c) $\nabla^2\Phi = -\rho/\epsilon_0$임을 보이시오.

IV-14 (a) 발산 정리에서 다음 식을 유도하시오.

$$\iint_S \hat{\mathbf{n}} \cdot (u\,\nabla v)\,dS = \iiint_V [u\,\nabla^2 v + (\nabla u) \cdot (\nabla v)]\,dV$$

여기서 u와 v는 위치의 스칼라 함수이고 S는 V를 둘러싸는 닫힌 면이다.

이것이 그린(Green) 정리의 첫 번째 형태이다.

(b) $\nabla^2 u = 0$이면 그린 정리의 첫 번째 형태를 이용해서 다음을 보이시오.

$$\iint_S \hat{\mathbf{n}} \cdot (u\,\nabla u)\,dS = \iiint_V |\nabla u|^2\,dV$$

여기서 $|\nabla u|^2 = (\nabla u)\cdot(\nabla u)$이다.

(c) 그린 정리의 첫 번째 형태를 이용해서 다음을 보이시오.

$$\iint_S \hat{\mathbf{n}} \cdot (u\,\nabla v - v\,\nabla u)\,dS = \iiint_V (u\,\nabla^2 v - v\,\nabla^2 u)\,dV$$

이것은 그린 정리의 두 번째 형태이다.

IV-15 다음과 같은 형태의 식을 파동식이라 한다.

$$\nabla^2 f = \frac{1}{v^2}\frac{\partial^2 f}{\partial t^2}$$

여기서 f는 위치와 시간의 함수로서 미분이 가능하다. 이것은 공간에서 속도 v로 진행하는 파동을 나타낸다. 맥스웰의 식(문제 III-20)을 이용해서 전하와 전류가 없는 경우에(즉 ρ와 **J**는 모두 0이다) **E**와 **B**의 세 직각 성분들은 모두 파동식을 만족하는 것을 보이시오. 여기서 $v=c$ 이고 $c=1/\sqrt{\epsilon_0\mu_0}$는 빛의 속도이다. 예를 들어

$$\nabla^2 E_x = \frac{1}{c^2}\frac{\partial^2 E_x}{\partial t^2}$$

이다. 즉 진공에서 빛의 속도로 진행하는 전자기파는 맥스웰 식의 결과이다.

IV-16 (a) 무한히 긴 원통이 평행판 사이에 있을 때 포텐셜과 전기장을 구하였다. 이 때 원통의 포텐셜은 0이었다. 원통의 포텐셜 V_0가 0이 아닌 경우에 해는 어떻게 수정이 되는가?

(b) 원통의 순 전하는 0인 것을 보이시오.

IV-17 (a) 반경이 R인 구가 아주 큰 두 개의 평행판 사이에 있다. 판의 간격은 s이다. 두 판의 포텐셜 차이가 유지되고 있으며 구의 포텐셜은 0이다. 구의 외부와 판 사이에서 포텐셜과 전기장을 구하시오. $R \ll s$라고 가정한다.

(b) 구의 순 전하는 0인 것을 보이시오.

(c) 구의 포텐셜 V_0가 0이 아닐 때 (a)를 반복하시오.

IV-18 $f(x, y)$는 미분이 가능한 x와 y의 스칼라 함수이고 $\hat{\mathbf{u}}=\mathbf{i}\cos\theta+\mathbf{j}\sin\theta$이다. 회전한 좌표계 x', y'에서 x'는 $\hat{\mathbf{u}}$에 평행하다(그림). $\hat{\mathbf{u}}$방향의 방향 도함수가 다음과 같음을 보이시오.

$$\frac{df}{ds} = \hat{\mathbf{u}}\cdot\nabla f = \frac{\partial f}{\partial x'}$$

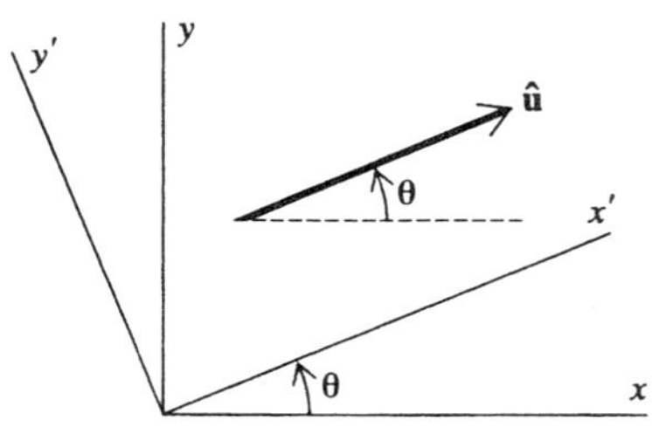

IV-19 다음 식으로 주어지는 구면 상의 점 (a, b, c)에 사람이 있다.

$$z = (r^2 - x^2 - y^2)^{1/2} \qquad (z \geq 0)$$

a와 b가 모두 양수일 때 그 사람이 어떤 방향으로 움직여야지

(a) z의 변화율이 0인가?

(b) z의 증가율이 최대인가?

(c) z의 감소율이 최대인가?

답의 기하적 의미를 보여주는 그림을 그리시오.

IV-20 면 $z=f(x, y)$에 수직인 단위 벡터의 식은 다음과 같다[식(II-4)].

$$\hat{\mathbf{n}} = \left(-\mathbf{i}\frac{\partial f}{\partial x} - \mathbf{j}\frac{\partial f}{\partial y} + \mathbf{k}\right) \Bigg/ \sqrt{1 + \left(\frac{\partial f}{\partial x}\right)^2 + \left(\frac{\partial f}{\partial y}\right)^2}$$

그리고 $F(x, y, z)=$상수 인 면에 수직인 벡터는 ∇F임을 배운 바 있다. 따라서 $\nabla F/|\nabla F|$는 $F(x, y, z)=$상수 인 면의 단위 수직 벡터이다.

$F(x, y, z)=$상수 와 $z=f(x, y)$가 같은 면을 나타내면 단위 수직 벡터에 관한 이 두 표현은 동일하다는 것을 증명하시오.

IV-21 문제 II-18의 결과와 원통 좌표계에서 구한 그래디언트의 표현을 써서 원통 좌표계에서 라플라시안의 형태를 구하시오.

IV-22 구면 좌표계에서 ψ의 그래디언트를 구하시오.

$$\nabla\psi = \hat{\mathbf{e}}_r\frac{\partial\psi}{\partial r} + \hat{\mathbf{e}}_\phi\frac{1}{r}\frac{\partial\psi}{\partial\phi} + \hat{\mathbf{e}}_\theta\frac{1}{r\sin\phi}\frac{\partial\psi}{\partial\theta}$$

IV-23 문제 II-19의 결과와 구면 좌표계에서 구한 그래디언트의 표현(문제 IV-22)을 써서 구면 좌표계에서 라플라시안의 형태를 구하시오.

IV-24 라플라스 식의 해가 어떤 경계 조건을 만족한다고 하자. 이 해는 유일한가? 이번 문제는 간단한 경우에 이런 질문의 답을 제공한다. 면 S_0가 어떤 영역을 둘러싸고 그 안에는 물체 1, 2, 3, ...이 있다(그 중 두 개가 그림에 나와 있다). S_0는 Φ_0, 물체 1은 Φ_1, 물체 2는 Φ_2등 일정한 포텐셜을 유지하고 있다. 전하가 없는 영역 R에서 포텐셜은 라플라스 식을 만족해야 한다.

$$\nabla^2\Phi = 0$$

경계 조건은 다음과 같다.

$$\Phi = \begin{cases} \Phi_0 & (S_0\text{에서}) \\ \Phi_1 & (S_1\text{에서}) \\ \Phi_2 & (S_2\text{에서}) \end{cases}$$

다음 단계들을 밟아서 Φ가 유일하다는 증명을 한다.

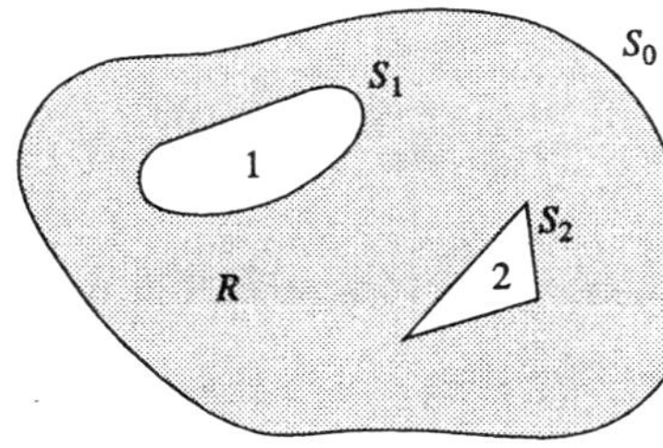

(a) 두 포텐셜 u와 v가 모두 라플라스 식과 경계 조건을 만족한다고 가정한다. $w=u-v$ 라 하자. R에서 $\nabla^2 w=0$ 인 것을 보이시오.

(b) w가 만족하는 경계 조건은 무엇인가?

(c) 발산 정리를

$$\iint_S \hat{\mathbf{n}} \cdot (w\, \nabla w)\, dS$$

에 적용한다. 여기서 적분은 면 $S_0+S_1+S_2+\cdots$ 에서 한다. 다음 식이 성립하는 것을 보이시오.

$$\iiint_V |\nabla w|^2\, dV = 0$$

여기서 V는 영역 R의 부피이다.

(d) (c)의 결과에서 $\nabla w=0$을 이끌어낼 수 있다. 즉 w는 상수이다.

(e) w가 상수이면 그 값은 무엇인가? 이에 답하기 위해 w의 경계 조건을 이용한다. u와 v는 어떤 관계가 있는가?

(f) (a)에서 (e)까지의 유일성의 증명에서 경계 조건으로 여러 면의 포텐셜 값이 지정되었다. 다른 종류의 경계 조건에서도 유일성의 증명이 여전히 가능할까? 만약 그렇다면 증명 과정과 결과는 위에서 주어진 것과 어떻게 달라지는가?

IV-25 그래디언트를 편도함수의 항들로 정의하였다. 발산과 회전의 정의와 비슷한 형태로 그래디언트를 다르게 정의할 수 있다. 즉

$$\nabla f = \lim_{\Delta V \to 0} \frac{1}{\Delta V} \iint_S \hat{\mathbf{n}} f \, dS$$

이다. 여기서 f는 위치의 스칼라 함수이고 S는 닫힌 면, ΔV는 면 안의 부피이다. 여느 때처럼 $\hat{\mathbf{n}}$은 S에 수직인 단위 벡터이고 부피에서 바깥을 향한다.

(a) 발산을 다룰 때와 같이 '직육면체'에서 적분을 하여 위의 정의가 다음 식을 준다는 것을 증명하시오.

$$\nabla f = \mathbf{i} \frac{\partial f}{\partial x} + \mathbf{j} \frac{\partial f}{\partial y} + \mathbf{k} \frac{\partial f}{\partial z}$$

(b) 위에 나온 그래디언트의 다른 정의를 이용해서 단위 벡터 $\hat{\mathbf{u}}$로 지정한 방향에서 f의 방향 도함수가 다음과 같음을 증명하시오.

$$\frac{df}{ds} = \hat{\mathbf{u}} \cdot \nabla f$$

[*힌트* : 다음 적분을 작은 원기둥에서 구한다.

$$\hat{\mathbf{u}} \cdot \iint_S \hat{\mathbf{n}} f \, dS = \iint_S \hat{\mathbf{u}} \cdot \hat{\mathbf{n}} f \, dS$$

원기둥의 길이는 Δs, 단면적은 ΔA이고 그 축은 일정한 단위 벡터 $\hat{\mathbf{u}}$의 방향이다. 원기둥의 부피($\Delta s \Delta A$)로 나누고 부피가 0으로 가는 극한을 취한다.]

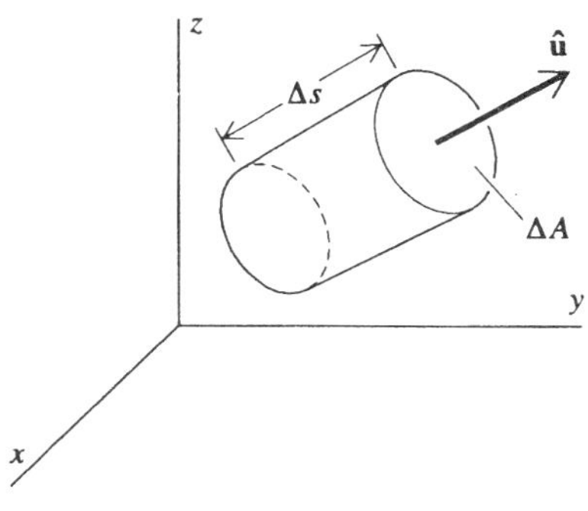

(c) 발산 정리를 이끌어내던 논리와 그래디언트의 다른 정의에서 다음 식을 증명하시오.

$$\iint_S \hat{\mathbf{n}} f \, dS = \iiint_V \nabla f \, dV$$

여기서 S는 부피 V를 둘러싸는 닫힌 면이다.

(d) 발산 정리에서 바로 (c)의 식을 얻으시오. [*힌트* : $\iint_S \mathbf{F} \cdot \hat{\mathbf{n}} \, dS = \iiint_V \nabla \cdot \mathbf{F} \, dV$에 $\mathbf{F} = \hat{\mathbf{e}} f$를 대입한다. $\hat{\mathbf{e}}$는 일정한 단위 벡터이다.]

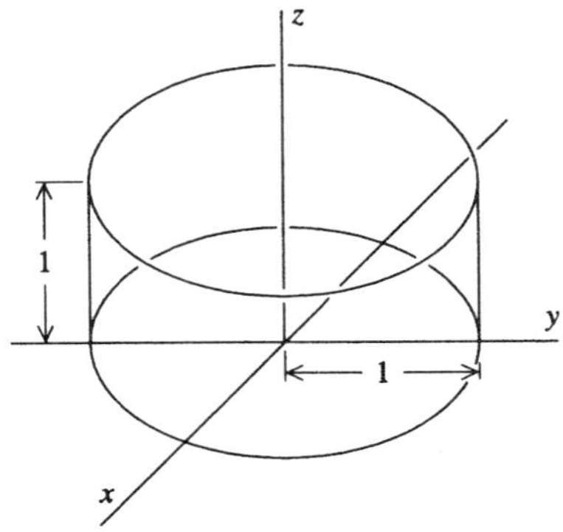

(e) 스칼라 함수

$$f = x^2 + y^2 + z^2$$

을 그림의 원기둥에 관해 적분해서 (c)의 식이 성립하는 것을 보이시오.

IV-26 (a) 면 $z=f(x, y)$가 있다. **u**는 면 상의 점 $P(x, y, z)$에서 면에 접하는 임의 크기의 벡터이다. **u**의 방향은 그림처럼 단위 벡터 $\hat{\mathbf{p}}=\mathbf{i}p_x+\mathbf{j}p_y$의 방향으로 정해진다. 방향 도함수를 이용해서 다음을 증명하시오.

$$\mathbf{u} = \hat{\mathbf{p}} + \mathbf{k}(\hat{\mathbf{p}} \cdot \nabla f)$$

여기서 ∇f는 (x, y)에서 그 값을 구한다. [**u**의 크기가 임의이므로 위의 식에 어떤 양수를 곱한 결과를 얻을 수도 있다.]

(b) **v**는 점 P에서 면에 접하고 그 방향이 $\hat{\mathbf{q}}=\mathbf{i}q_x+\mathbf{j}q_y(\hat{\mathbf{p}}\neq\hat{\mathbf{q}})$로 주어지는 임의 크기의 벡터이다. (a)에서

$$\mathbf{v} = \hat{\mathbf{q}} + \mathbf{k}(\hat{\mathbf{q}} \cdot \nabla f)$$

이다. 다음 식을 증명하시오.

$$\mathbf{u} \times \mathbf{v} = [\mathbf{k} \cdot (\hat{\mathbf{p}} \times \hat{\mathbf{q}})](\mathbf{k} - \nabla f)$$

이 식을 이용해서 면 $z=f(x, y)$ 상의 점 (x, y, z)에서 면에 수직인 단위 벡터 $\hat{\mathbf{n}}$을 나타내는 식(II-4)를 유도하시오. 본문에서는 $\hat{\mathbf{p}}=\mathbf{i}$, $\hat{\mathbf{q}}=\mathbf{j}$인 특별한 경우에 $\hat{\mathbf{n}}$을 구했었다. 이 문제는 이렇게 구한 $\hat{\mathbf{n}}$이 부호를 빼고 유일하다는 것을 보여준다.

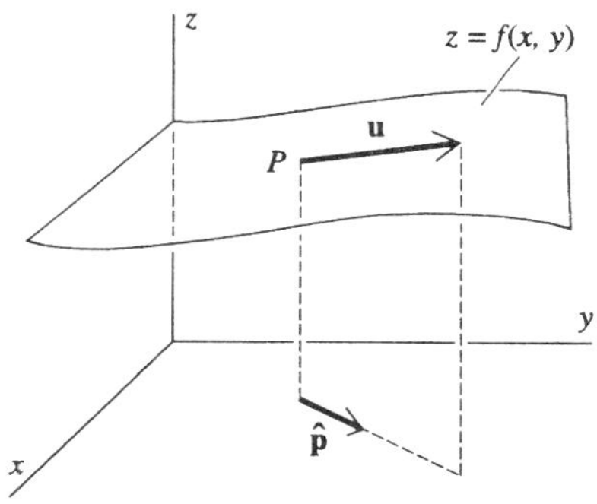

IV-27 (a) 맥스웰의 식(문제 III-20)을 이용해서 다음과 같이 쓸 수 있음을 보이시오.

$$\mathbf{B} = \nabla \times \mathbf{A}$$

$$\mathbf{E} = -\nabla\Phi - \frac{\partial \mathbf{A}}{\partial t}$$

여기서 **A**는 위치와 시간의 벡터 함수로서 벡터 포텐셜이라고 한다. Φ는 위치와 시간의 스칼라 함수로서 스칼라 포텐셜이라 한다. **A**와 Φ는 다음 식을 만족한다.

$$\nabla^2\Phi + \frac{\partial}{\partial t}(\nabla \cdot \mathbf{A}) = -\rho/\epsilon_0$$

$$\nabla^2\mathbf{A} - \mu_0\epsilon_0 \frac{\partial^2 \mathbf{A}}{\partial t^2} = -\mu_0\mathbf{J} + \nabla\left[\nabla \cdot \mathbf{A} + \mu_0\epsilon_0 \frac{\partial \Phi}{\partial t}\right]$$

(b) 새로운 포텐셜을 다음과 같이 정의한다.

$$\mathbf{A}' = \mathbf{A} + \nabla\chi$$

$$\Phi' = \Phi - \frac{\partial \chi}{\partial t}$$

여기서 χ는 위치와 시간의 스칼라 함수인데 임의의 함수이다. 이 때 다음 식이 성립한다.

$$\mathbf{B} = \nabla \times \mathbf{A}'$$

$$\mathbf{E} = -\nabla\Phi' - \frac{\partial \mathbf{A}'}{\partial t}$$

즉 포텐셜 **A**와 Φ가 바뀌어도 장 **E**와 **B**는 변하지 않는다. (**A**, Φ)에서 (**A**′, Φ′)로 바꾸는 것을 게이지 변환(gauge transformation)이라고 한다.

(c) χ가 다음 식

$$\nabla^2\chi - \epsilon_0\mu_0 \frac{\partial^2 \chi}{\partial t^2} = -\left[\nabla \cdot \mathbf{A} + \epsilon_0\mu_0 \frac{\partial \Phi}{\partial t}\right]$$

를 만족하면

$$\nabla \cdot \mathbf{A}' + \epsilon_0\mu_0 \frac{\partial \Phi'}{\partial t} = 0$$

임을 증명하시오.

(d) χ가 (c)의 식을 만족하면 $\mathbf{A}'$와 Φ'가 다음 식을 만족하는 것을 증명하시오.

$$\nabla^2\Phi' - \epsilon_0\mu_0 \frac{\partial^2\Phi'}{\partial t^2} = -\frac{\rho}{\epsilon_0}$$

$$\nabla^2\mathbf{A}' - \epsilon_0\mu_0 \frac{\partial^2\mathbf{A}'}{\partial t^2} = -\mu_0\mathbf{J}$$

(b)처럼 게이지 변환을 하고 (c)의 조건을 부과하면 (d)의 식을 만족하는 스칼라와 벡터 포텐셜을 얻을 수 있다. (d)의 식은 파동식으로서 원천(source) 항이 ρ와 $\mathbf{J}$에 비례한다.

IV-28 이상(ideal) 유체의 운동식이 다음과 같다.

$$\iiint_V \rho\mathbf{f}_{\text{ext}}\, dV - \iint_S \hat{\mathbf{n}}p\, dS = \iiint_V \rho\left[\frac{\partial \mathbf{v}}{\partial t} + (\mathbf{v}\cdot\nabla)\mathbf{v}\right] dV$$

여기서 V는 유체의 부피이고 S는 그 표면이다. $\mathbf{f}_{\text{ext}}(x, y, z)$는 유체의 단위 질량에 작용하는 외부 힘이다. $p(x, y, z)$는 유체의 압력이고 $\rho(x, y, z)$는 밀도로서 유체 내의 점 (x, y, z)에서의 값이다. $\mathbf{v}(x, y, z, t)$는 점 (x, y, z)에서 시간 t일 때 유체의 속도이다.

(a) 문제 IV-25(c)에서 주어진 발산 정리의 형태를 이용해서 이상 유체의 운동식을 다음 형태로 쓰시오.

$$\mathbf{f}_{\text{ext}} - \frac{1}{\rho}\nabla p = \frac{\partial \mathbf{v}}{\partial t} + (\mathbf{v}\cdot\nabla)\mathbf{v}$$

(b) 정적인 경우($\mathbf{v}=0$)에 운동식이 다음과 같음을 보이시오.

$$\mathbf{f}_{\text{ext}} = (1/\rho)\nabla p$$

(c) 그림처럼 z축에 평행한 비압축성 유체의 기둥이 있다. 유체에 작용하는 외부 힘은 아래 방향의 일정한 중력만 있다고 가정한다. (b)에 나온 정적인 경우의 식을 써서 다음 식을 증명하시오.

$$p = p_0 - \rho g z$$

여기서 g는 중력 가속도이고 p_0는 상수이다.

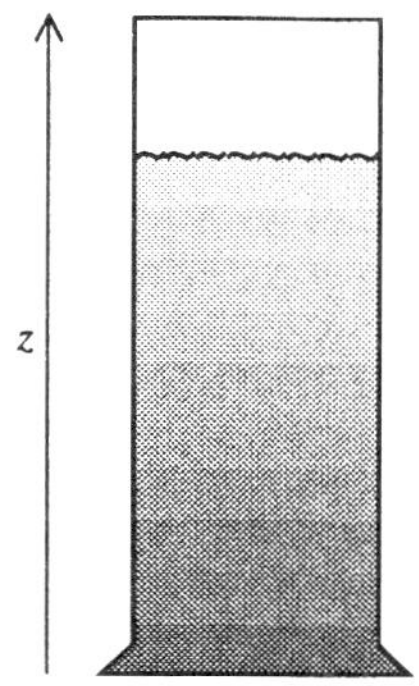
z

문제의 답

Chapter 01

3. (a) $(\mathbf{i}x + \mathbf{j}y)/\sqrt{x^2 + y^2}$.
(b) $(\mathbf{i} + \mathbf{j})(x + y)^2/\sqrt{2}$.
(c) $-\mathbf{i}y + \mathbf{j}x$.
(d) $(\mathbf{i}x + \mathbf{j}y + \mathbf{k}z)/\sqrt{x^2 + y^2 + z^2}$.

4. (a) $(a^2 \cos^2 \omega t + b^2 \sin^2 \omega t)^{1/2}$.
(b) $-\mathbf{i}\omega a \sin \omega t + \mathbf{j}\omega b \cos \omega t$ (속도).
$-\mathbf{i}\omega^2 a \cos \omega t - \mathbf{j}\omega^2 b \sin \omega t$ (가속도).

5. $-\dfrac{\mathbf{i}}{2\pi\epsilon_0}\dfrac{1}{(y^2 + 1)^{3/2}}$.

6. 다음에서 c는 임의의 상수이다.

(a) $x^2 - y^2 = c$.
(b) $y = x + c$.
(c) $xy = c$.
(d) $y = c$.
(e) $x = c$.
(f) $x^2 - y^2 = c$.
(g) $y = \frac{1}{2}x^2 + c$.
(h) $y = ce^x$.

Chapter 02

1. (a) $(\mathbf{i} + \mathbf{j} + \mathbf{k})/\sqrt{3}$.
(b) $-(\mathbf{i}x + \mathbf{j}y - \mathbf{k}z)/\sqrt{2}z$.
(c) $\mathbf{i}x + \mathbf{k}z$.
(d) $(-2\mathbf{i}x - 2\mathbf{j}y + \mathbf{k})\sqrt{1 + 4z}$.
(e) $(\mathbf{i}x + \mathbf{j}y + \mathbf{k}a^2z)/a\sqrt{1 + (a^2 - 1)z^2}$.

3. $[-\mathbf{i}(\partial g/\partial x) - \mathbf{k}(\partial g/\partial z) + \mathbf{j}]/\sqrt{1 + (\partial g/\partial x)^2 + (\partial g/\partial z)^2}$
for $y = g(x, z)$.

$[-\mathbf{j}(\partial h/\partial y) - \mathbf{k}(\partial h/\partial z) + \mathbf{i}]/\sqrt{1 + (\partial h/\partial y)^2 + (\partial h/\partial z)^2}$
for $x = h(y, z)$.

4. (a) $\sqrt{3}/6$.
(b) $\frac{\pi}{2}(\sqrt{5} - 1)$.
(c) $\pi/2$.

5. (a) 0.
(b) $2\pi a^3$.
(c) $3\pi/2$.

6. $4\pi R^2\sigma_0/3$.

7. $16\pi R^4\sigma_0/15$

8. 0.

9. $\pi r^2\lambda h\epsilon_0$.

10. (a) 0.
(b) $4\pi R^2 h \ln R$.
(c) $4\pi R^3 e^{-R^2}$.
(d) $[E(b) - E(0)]b^2$.

11. (a) $\mathbf{E} = \sigma\mathbf{i}/2\epsilon_0$, $x > 0$, and $-\sigma\mathbf{i}/2\epsilon_0$, $x < 0$.
(b) $\mathbf{E} = \rho_0 b\mathbf{i}/\epsilon_0$, $x > b$; $\rho_0 x\mathbf{i}/\epsilon_0$, $-b \le x \le b$;
and $-\rho_0 b\mathbf{i}/\epsilon_0$, $x < -b$.
(c) $\mathbf{E} = \pm(\rho_0 b/\epsilon_0)(1 - e^{-|x|/b})\mathbf{i}$ $\quad$ ($+$ for $x > 0$, $-$ for $x < 0$)

12. (a) $\mathbf{E} = (\lambda/2\pi\epsilon_0)\hat{\mathbf{e}}_r/r$
(b) $\mathbf{E} = (\rho_0 b^2/2\epsilon_0)\hat{\mathbf{e}}_r/r$, $r \ge b$, and $(\rho_0 r/2\epsilon_0)\hat{\mathbf{e}}_r$, $r \le b$.
(c) $\mathbf{E} = (\rho_0 b^2\epsilon_0)(1/r)[1 - (1 + r/b)e^{-r/b}]\hat{\mathbf{e}}_r$.

13. (a) $\mathbf{E} = \begin{cases} (b^3\rho_0/3\epsilon_0)\hat{\mathbf{e}}_r/r^2, & r > b, \\ (\rho_0/3\epsilon_0)r\hat{\mathbf{e}}_r, & r \le b. \end{cases}$
(b) $\mathbf{E} = (b^3\rho_0/\epsilon_0)(1/r^2)[2 - (r^2/b^2 + 2r/b + 2)e^{-r/b}]\hat{\mathbf{e}}_r$.
(c) $\mathbf{E} = \begin{cases} (\rho_0/3\epsilon_0)r\hat{\mathbf{e}}_r, & r < b, \\ (1/3\epsilon_0)(1/r^2)[b^3\rho_0 + (r^3 - b^3)\rho_1]\hat{\mathbf{e}}_r, & b \le r \le 2b, \\ (b^3/3\epsilon_0)(1/r^2)(\rho_0 + 7\rho_1)\hat{\mathbf{e}}_r, & r > 2b. \end{cases}$

$\rho_1 = -\rho_0/7$이면 $r > 2b$ 일 때 E는 0이다. 이 경우 전체 전하는 0이다.

14. (a) $2(x + y + z)$.
(b) 0.
(c) $-(e^{-x} + e^{-y} + e^{-z})$.
(d) $2z$.
(e) $-y/(x^2 + y^2)$.
(f) 0.
(g) 3.
(h) 0.

15. 문제 II-14(a) 함수의 면적분은 $2s^3(x_0 + y_0 + z_0)$이다.
문제 II-14(b) 함수의 면적분은 0이다.
문제 II-14(c) 함수의 면적분은 $s^2(e^{-s/2} - e^{s/2})(e^{-x_0} + e^{-y_0} + e^{-z_0})$이다.

16. (b) $\nabla \cdot \mathbf{G} = 0$.

22. $f(r) = \text{constant}/r^2$.

23. (a) $3b^3$.
(b) $3\pi R^2 h/4$.
(c) $4\pi R^4$.

24. (b) $\pi R^2 B$.

Chapter 03

3. (a) $2(-\mathbf{i}y + \mathbf{j}z + \mathbf{k}x)$.
(b) $5\mathbf{j}x$.
(c) $\mathbf{i}e^{-z} + \mathbf{j}e^{-x} + \mathbf{k}e^{-y}$.
(d) 0.
(e) $-\mathbf{i}x - \mathbf{j}y + 2\mathbf{k}z$.
(f) $2(\mathbf{i}y - \mathbf{j}x)$.
(g) $\mathbf{i}z - \mathbf{k}x$.
(h) 0.

4. 문제 III-3(a) 함수의 선적분은 $2x_0 s^2$이다.

문제 III-3(b) 함수의 선적분은 0이다.

문제 III-3(c) 함수의 선적분은 $s(e^{s/2} - e^{-s/2})e^{-y_0}$이다.

문제 III-3(d) 함수의 선적분은 0이다.

5. (a) $a^2/2 + a^3/3$
(b) $\dfrac{2}{\sqrt{3}}\left(\dfrac{1}{2} + \dfrac{a}{3}\right) \rightarrow \dfrac{1}{\sqrt{3}}$ as $a \rightarrow 0$
(c) $\hat{\mathbf{n}} \cdot \nabla \times \mathbf{F} = \dfrac{1}{\sqrt{3}}(1 + 2y) = \dfrac{1}{\sqrt{3}}$ at $y = 0$

13. (d)와 (h)

15. (a) 선적분과 면적분은 1이다.

(b) 선적분과 면적분은 $-3\pi/4$이다.

(c) 선적분과 면적분은 $-2\pi R^2$이다.

19. $3/e$.

25. $\nabla \cdot \mathbf{G} = 0$ 이면 $\mathbf{G} = \nabla \times \mathbf{H}$ 이다.

(a) $\mathbf{H} = \frac{1}{2}\mathbf{j}x^2 + \mathbf{k}\,[\frac{1}{2}y^2 - (x - x_0)z]$.

(b) $\mathbf{H} = \mathbf{j}B_0x$.

(c) $\nabla \cdot \mathbf{G} \neq 0$.

(d) $\mathbf{H} = -\mathbf{j}(x - x_0)z + \mathbf{k}(x + x_0)y$.

(e) $\nabla \cdot \mathbf{G} \neq 0$.

[주: 이 답과 상수만 다른 결과를 얻을 수도 있다.]

28. (a) $\oint_C \mathbf{H} \cdot \hat{\mathbf{t}}\, ds = \iint_S \mathbf{G} \cdot \hat{\mathbf{n}}\, dS$ 여기서 S는 닫힌 곡선 C를 덮는 면이다.

29. (d) 면적분과 부피 적분은 **i** - **j** - **k** 로 서로 같다.

Chapter 04

1. (a) (i) $\mathbf{F} = \mathbf{i}yz + \mathbf{j}xz + \mathbf{k}xy$.

(ii) $\mathbf{F} = 2(\mathbf{i}x + \mathbf{j}y + \mathbf{k}z)$.

(iii) $\mathbf{F} = \mathbf{i}(y + z) + \mathbf{j}(x + z) + \mathbf{k}(x + y)$.

(iv) $\mathbf{F} = 6\mathbf{i}x - 8\mathbf{k}z$.

(v) $\mathbf{F} = -\mathbf{i}e^{-x}\sin y + \mathbf{j}e^{-x}\cos y$.

4. (a) (i) 경로에 의존한다.

(ii) $\psi = cz + \text{const.}$

(iii) $\psi = xyz + \text{const.}$

(iv) $\psi = \frac{1}{2}(x^2 + y^2 + z^2) + \text{const.}$

(v) 경로에 의존한다.

(b) (i) $\psi = \ln r + \text{const.}$

(ii) $\psi = \frac{2}{3}r^{3/2} + \text{const.}$

13. (a) $\rho = 3g\epsilon_0$.

(b) $\Phi = -\frac{1}{2}g(x^2 + y^2 + z^2)$.

16. (a) 본문의 결과에 V_0를 더한다.

17. (a) $\Phi(r, \phi) = -E_0r(1 - R^3/r^3)\cos\phi$ 구의 중심은 원점이다. 두 판은 xy 평면에 평행하며 위치는 $z = \pm s/2$ 이다.

(c) (a)의 결과에 V_0를 더한다.

19. (a) $\pm(\mathbf{i}b - \mathbf{j}a)/\sqrt{a^2 + b^2}$ 의 방향으로 움직인다.

(b) 그래디언트의 방향으로 움직인다.

$-(\mathbf{i}a + \mathbf{j}b)/\sqrt{r^2 - a^2 - b^2}$

(c) 그래디언트의 방향과 반대로 움직인다.

$(\mathbf{i}a + \mathbf{j}b)/\sqrt{r^2 - a^2 - b^2}$

25. (e) 면적분과 부피 적분은 $\pi\mathbf{k}$로 서로 같다.

찾아보기

Homepage : www.chungbum.co.kr
홈페이지를 이용하시면 많은 정보를 얻으실 수 있습니다.

이공학도를 위한
벡터 미적분학

2007년 7월 20일 초판인쇄
2007년 7월 30일 초판발행

저　자　H. M. Schey
역　자　권기홍
발행인　연규산
발행처　청범출판사

등록번호　등록1991년 8월 13일 No. 5-282
주　　소　139-808 서울 노원구 공릉 1동 598-7
전자우편　chembumpub@yahoo.co.kr
전화　(02)971-5385 ｜ 팩스　(02)977-8967

ISBN 978-89-88247-32-7 ｜

CARTESIAN

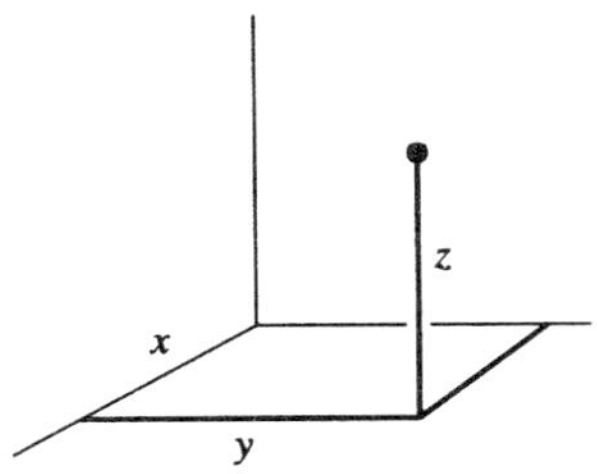

CYLINDRICAL

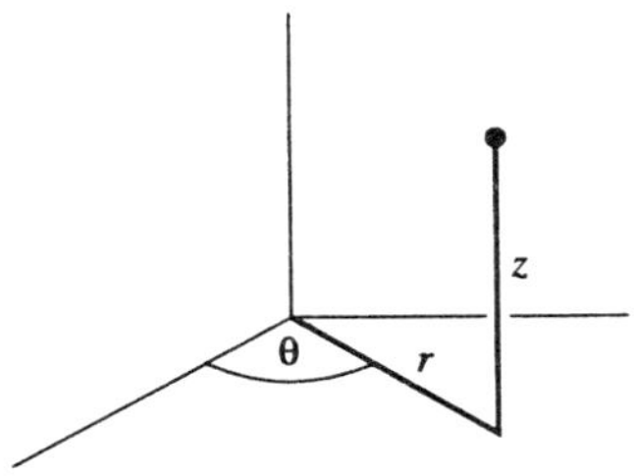

SPHERICAL

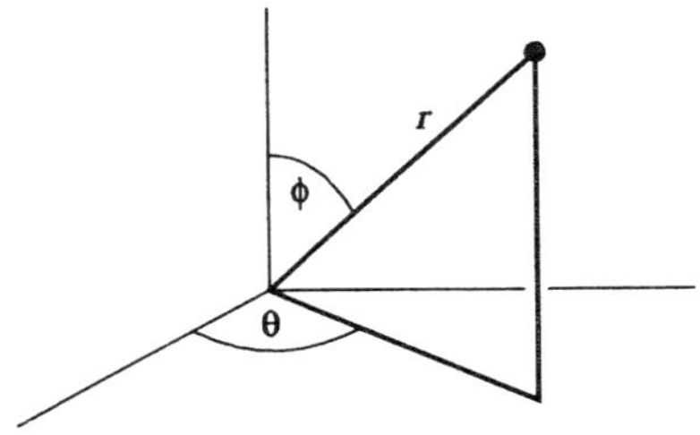

DIVERGENCE div **F** $\nabla \cdot \mathbf{F}$	$\frac{\partial F_x}{\partial x} + \frac{\partial F_y}{\partial y} + \frac{\partial F_z}{\partial z}$	$\frac{1}{r}\frac{\partial}{\partial r}(rF_r) + \frac{1}{r}\frac{\partial F_\theta}{\partial \theta} + \frac{\partial F_z}{\partial z}$
GRADIENT grad f ∇f	$(\nabla f)_x = \frac{\partial f}{\partial x}$	$(\nabla f)_r = \frac{\partial f}{\partial r}$
	$(\nabla f)_y = \frac{\partial f}{\partial y}$	$(\nabla f)_\theta = \frac{1}{r}\frac{\partial f}{\partial \theta}$
	$(\nabla f)_z = \frac{\partial f}{\partial z}$	$(\nabla f)_z = \frac{\partial f}{\partial z}$
CURL curl **F** $\nabla \times \mathbf{F}$	$(\nabla \times \mathbf{F})_x = \frac{\partial F_z}{\partial y} - \frac{\partial F_y}{\partial z}$	$(\nabla \times \mathbf{F})_r = \frac{1}{r}\frac{\partial F_z}{\partial \theta} - \frac{\partial F_\theta}{\partial z}$
	$(\nabla \times \mathbf{F})_y = \frac{\partial F_x}{\partial z} - \frac{\partial F_z}{\partial x}$	$(\nabla \times \mathbf{F})_\theta = \frac{\partial F_r}{\partial z} - \frac{\partial F_z}{\partial r}$
	$(\nabla \times \mathbf{F})_z = \frac{\partial F_y}{\partial x} - \frac{\partial F_x}{\partial y}$	$(\nabla \times \mathbf{F})_z = \frac{1}{r}\frac{\partial}{\partial r}(rF_\theta) - \frac{1}{r}\frac{\partial F_r}{\partial \theta}$
LAPLACIAN $\nabla^2 f$	$\frac{\partial^2 f}{\partial x^2} + \frac{\partial^2 f}{\partial y^2} + \frac{\partial^2 f}{\partial z^2}$	$\frac{1}{r}\frac{\partial}{\partial r}\left(r\frac{\partial f}{\partial r}\right) + \frac{1}{r^2}\frac{\partial^2 f}{\partial \theta^2} + \frac{\partial^2 f}{\partial z^2}$